乡村振兴 农民培训精品系列教材

桃高效栽培实用技术

刘 进 王富全 王春田 张财先 主编

TAO
GAOXIAO ZAIPEI
SHIYONG JISHU

中国农业科学技术出版社

图书在版编目（CIP）数据

桃高效栽培实用技术 / 刘进等主编 .--北京：中国农业科学技术出版社，2022.4

ISBN 978-7-5116-5720-6

Ⅰ.①桃…　Ⅱ.①刘…　Ⅲ.①桃-果树园艺　Ⅳ.①S662.1

中国版本图书馆 CIP 数据核字（2022）第 052287 号

责任编辑　白姗姗
责任校对　贾海霞
责任印制　姜义伟　王思文

出 版 者　中国农业科学技术出版社
北京市中关村南大街 12 号　邮编：100081
电　　话　(010)82106638(编辑室)　(010)82109702(发行部)
(010)82109709(读者服务部)
传　　真　(010)82106638
网　　址　http://www.castp.cn
经 销 者　各地新华书店
印 刷 者　北京建宏印刷有限公司
开　　本　148 mm×210 mm　1/32
印　　张　4.875
字　　数　135 千字
版　　次　2022 年 4 月第 1 版　2022 年 4 月第 1 次印刷
定　　价　36.80 元

《桃高效栽培实用技术》

编 委 会

主　编： 刘　进　王富全　王春田　张财先

副主编： 库婷婷　姜润丽　厉　力　薛　娇
秦成保　杨成发　伊纪红　张培培
葛丽霞　宋开慧　闫顺杰　杨德臣
郭宗平　田月水　乔　平　苗树珍
张中芹　王　杰　王晓芳　王志强
刘文生　夏晓瞰　陈洪军　陈祥庆
方瑞亮　薛连保

编　委： 马宗飞　杜焕云　戚　凯　王广德
李　跃　张雨红　张彦欣　李淑鹏
付　瑶　于召覆　孙军伟

前　言

桃原产于中国，已有3 000多年的栽培历史，自古就有“寿桃”“仙桃”之说。中国的桃沿着“丝绸之路”，从甘肃、新疆由中亚向西传播到波斯，再逐步传播到世界各地。

根据《2020中国果品产业发展报告》统计，2019年我国桃种植面积和产量分别为89.0万 hm^2 和1 599.3万t，均居世界第一位。为加快桃新品种新技术的推广应用，促进产业转型升级，特编写本书。本书全面、系统地介绍了桃的种植知识，包括桃的生产概况、桃优良品种、桃育苗技术、建园与栽植技术、土肥水管理技术、花果管理技术、病虫害综合防治技术、整形修剪技术等内容。本书以安全生产为中心，以优质高效为目标，吸纳了近年来国内外桃树的最新科研成果，内容通俗易懂，技术先进，实用性强，适合农业技术推广人员阅读参考。

本书在撰写过程中得到了国家桃产业技术体系、山东农业大学、山东省农业科学院等多位专家的指导与帮助，并借鉴了相关的最新科研成果，在此一并感谢！希望该书的出版能为广大农民增收致富和乡村产业振兴起到促进作用。由于时间有限，书中不足之处在所难免，望广大读者批评指正。

编　者

2021年12月

目　　录

第一章　桃的生产概况

桃是蔷薇科、桃属果树，在世界各地均有栽植。桃原产于中国，是我国的主要栽培果树之一，我国各省份广泛栽培。目前，中国是世界桃第一生产大国，其次是美国、日本和意大利。桃在我国有悠久的种植历史和辽阔的种植区域，勤劳智慧的中国人民，培育出了丰富多彩的桃树品种。据统计，起源于我国的桃树品种可达上千个。

第一节　我国桃的面积及分布

根据《2020中国果品产业发展报告》统计，2019年我国桃种植面积和产量分别为89.0万 hm^2 和1 599.3万t，均居世界第一位。我国有20个省的桃栽培面积超过1万 hm^2，前五位的省份依次是山东、河南、河北、贵州和安徽，总产量位居前五位的省份依次为山东、河南、山西、河北和安徽，而单产水平位居前五位的省市依次为山西、山东、辽宁、天津和陕西（表1-1），呈现出北方显著高于南方的态势。

表1-1　2019年我国桃主产省份的面积、产量和单产

省份	面积（万 hm^2）	产量（万t）	单产（t/hm^2）
山东	12.9	364.6	28.26
河南	9.0	154.6	17.18
河北	6.3	135.7	21.54
贵州	6.3	45.7	7.25

（续表）

省份	面积（万 hm^2）	产量（万 t）	单产（t/hm^2）
安徽	5.5	96.4	17.53
湖北	5.5	86.5	15.73
山西	4.8	151.3	31.52
辽宁	2.9	73.3	25.28
全国	89.0	1 599.3	17.97

根据环境条件、桃的分布现状及其栽培特点，可以将我国桃产区划分成以下 7 个栽培区：华北平原桃区、长江流域桃区、黄土高原桃区、云贵高原桃区、西北高旱桃区、东北寒地桃区和华南亚热带桃区。

一、华北平原桃区

该区位于淮河、秦岭以北，包括山东、河南、河北、安徽、北京、天津 6 个省市，是我国最大的桃产区，桃栽培面积和产量均接近全国的 1/2。中熟、晚熟品种优势明显，普通桃、油桃、蟠桃、油蟠桃均有种植，总体栽培技术水平高、产量高。栽培面积在 6 667hm^2以上的县区有山东省蒙阴县、沂源县、沂水县，河北省顺平县，安徽省砀山县，北京市平谷区，河南省西华县等。其中，蒙阴县种植面积 4.3 万 hm^2，为我国桃第一大种植县。华北平原桃区是我国桃最适栽培区域，各种类型桃（普通桃、油桃、蟠桃等）都可正常生长，成熟期从最早到最晚的品种都有，露地栽培鲜果供应期长达 6 个多月。蜜桃及北方硬肉桃主要分布于该区，著名品种有肥城佛桃、蒙阴蜜桃、深州蜜桃、青州蜜桃、安丘蜜桃等。

二、长江流域桃区

该区位于长江两岸，包括湖北、江苏、浙江、湖南、上海，是

我国的第二大桃产区。该区是我国南方桃品种群主要生产基地，尤以水蜜桃久负盛名，如奉化玉露、白花水蜜、上海水蜜、白凤等。江浙一带的蟠桃更是桃中珍品，素以柔软多汁、口味芳香而著称。湖北省枣阳市桃种植面积超过2万hm^2，以早熟品种为主。湖南省炎陵县黄桃种植面积超过6 667hm^2，以锦绣为主，成为黄桃品种种植较为集中的县级市。

三、黄土高原桃区

该区是我国的第三大桃产区。主要集中在山西省运城市（万荣、临猗、平陆等县）、陕西省渭南市（大荔县）和甘肃省天水市（秦安县），总面积和总产量分别占全国的10%和15%。该区域海拔适中，光照充足，土层深厚，果品质量好，单产高。以白肉普通桃为主，近几年油桃、蟠桃均有所发展。

四、云贵高原桃区

包括云南、贵州、四川、重庆等产区，是我国第四大桃产区。纬度低，海拔高，形成立体垂直气候，极早熟、早熟品种优势明显。以云南分布较广，呈贡、晋宁、宜良、宣威、蒙自为集中产区。该区还是我国西南黄桃的主要分布区，著名品种有大金旦、黄心桃、黄绵胡、泸香桃等。贵州和云南近几年桃产业发展迅速，未结果面积占比较大，云南省文山州等地可在4月底5月初上市。

五、西北高旱桃区

该区位于我国西北部，包括新疆、宁夏等省（区），是桃的原产地。海拔较高，季节分明，光照充足，气候变化剧烈。新疆桃产区主要包括南疆环塔里木盆地“土桃”、北疆乌鲁木齐和石河子匍匐栽培蟠桃以及伊犁逆温带蟠桃。南疆主要集中在和田和喀什，以“土桃”为主，“土桃”种子生产量占我国桃砧木种子的50%以上，近年来蟠桃、油蟠桃发展迅速。宁夏桃栽培主要位于中宁及以南区域，是桃适宜栽培北线区域。

六、东北寒地桃区

该区位于北纬41°以北，是我国最北的桃区。生长季节短，桃树易受冻害，影响产量，严重者树体被冻死。辽宁省为设施桃主产区，大连市瓦房店、普兰店是我国设施桃栽培的第一大产区，也是我国设施桃的一面旗帜。2015 年大连市设施桃栽培面积 0.78 万 hm^2、产量 14 万 t，平均售价 6.00~30.00 元/kg，是露地桃售价的 3~6 倍，其中，中农金辉占其设施桃栽培面积的 60%。尽管我国桃设施栽培区域不断扩大，但凭借气候优势和技术优势，该区域是 20 多年来我国桃设施栽培优势最强、种植最集中的区域。

七、华南亚热带桃区

包括福建、江西、广西、广东等产区，是我国新兴桃产区。该区桃树栽培较少，一些需冷量低的品种可以生长，生产上以硬肉桃居多，如鹰嘴桃、南山甜桃等。该区宜发展短低温桃、油桃品种。近年来，随着我国桃低需冷量品种的育成和部分名特优地方品种的开发，桃产业也得到一定程度的发展。

第二节　我国桃的生产现状

近十几年来，我国桃树的发展具有如下特点。

一、栽培面积和产量成倍增长

据统计，1996 年我国桃树种植面积 28 万 hm^2，产量 232.2 万 t，占世界桃总产量的 22.3%；2004 年，我国桃树种植面积已达 66.3 万 hm^2，产量 701 万 t，分别比 1996 年增长 1.37 倍和 2.02 倍；2019 年我国桃种植面积和产量分别为 89.0 万 hm^2和1 599.3万 t，均居世界第一位。栽培区域也在逐渐扩大，四川、湖南、湖北、

云南、福建、江西等省均在大力种植桃树。

二、品种趋于多元化

我国桃市场鲜果供应期由传统夏季时令水果转变为春、夏、秋三季，品种趋于多元化。加工桃呈现较好的发展势头，但风险较大。

1. 白肉普通桃占主导地位

从传统名特优地方品种奉化雨露、白花水蜜、五月鲜、六月白、肥城佛桃和深州蜜桃为主，到日本品种砂子早生、仓方早生、大久保等占据市场重要位置，再到我国自主培育品种春蕾、雨花露、京玉、中华寿桃、春美、霞脆、金秋红蜜等的不断取代，我国白肉桃鲜食品种已叠加式更新 3~5 代，形成了以自主品种为主、日本品种为辅、名特优地方品种为补充的格局。

2. 鲜食黄肉桃快速增加

锦绣是上海市农业科学院 1985 年培育的加工鲜食兼用品种，2010 年前后伴随着我国桃品种结构调整，锦绣成为鲜食黄桃的代名词，引领我国鲜食黄桃发展。中蟠系列、中油蟠系列、中桃金系列、“锦”字系列、黄金蜜系列、金黄金系列黄桃品种不断推陈出新，为黄肉鲜食桃市场不断注入新活力。

3. 油桃成产业重要组成部分

1998 年育成曙光、华光和艳光甜油桃品种，实现了我国油桃规模化生产，其中，曙光成为我国第一个大面积推广的油桃品种。随后中油、瑞光、沪油和紫金红等系列品种不断推出，改变了鲜食桃市场格局。目前，油桃种植面积占桃总面积的 20%以上，其中，中油 4 号、中农金辉、中油 8 号等成为主要栽培品种。油桃市场已彻底改变了以前酸、小、裂的不良局面，被广大消费者认可。

4. 蟠桃、油蟠桃为新热点

蟠桃自古就受到我国人民的喜爱，但由于蟠桃果顶不闭合，其裂顶、裂核、裂果严重成为产业发展的制约因素。20 世纪 90 年代，早露蟠桃、早黄蟠桃等成为我国蟠桃主要栽培品种，但种植面积不大。2010 年以来，中蟠桃 11 号引领蟠桃产业规模化高质量发展，中油蟠 7 号、中油蟠 9 号和金霞油蟠等黄肉油蟠桃品种问世，成为改变桃产业结构的转折点。

三、栽培方式向集约化迈进

栽培方式多样化，种植密度从大冠稀植到适度密植转变，整形方式从开心形到主干形、“Y”形、多主枝形等树形并存，修剪方式从以短截为主到长枝修剪，施肥时间从冬施基肥到秋施基肥，土壤管理由清耕到生草，病虫害防控由以化学防控为主向综合防控转变。简化管理正在被广泛应用，与之配套的简化管理措施也正在被大力推广，桃树发展向适度的规模经营迈进。

第三节　我国桃生产存在的问题

一、品种区域布局不当

我国虽然桃树栽培面积很广，品种很多，但对优良品种的生态适应性、栽培区的气候条件及市场需求变化研究较少，导致在发展中盲目引种栽培，一些地区出现了“栽了刨，刨了栽”的现象。例如，2021 年 1 月上旬山东省沂源县因降雪出现极端低温天气，最低温度达到-22℃，导致部分南方品种群桃因冻害死亡，面积达到3 000亩（1 亩≈667m^2，1hm^2=15 亩）以上。

二、果品质量差

造成果品质量差的原因很多，最主要有以下几方面。

1. 种植密度和整形修剪不合理

一些地区由于种植密度过大，管理技术不配套，导致树冠内枝量大而郁闭，果个偏小，着色差，含糖量低，果实品质差。整形修剪上没有按照品种特性、树龄、树势及栽培条件进行修剪。

2. 留果量过多

一味追求产量，造成果个小、着色差、风味淡等。

3. 根系生长环境恶化

化肥施用量过大，清耕及除草剂的不正常使用，造成土壤酸化板结，土壤有益微生物减少，土传病害加重，有机肥施用量少，中微量元素缺乏，施肥时期及种类不合理。

三、品种结构不合理

近年来桃的快速发展，造成我国桃总产量饱和，阶段性、区域性过剩成为常态，供求关系处于从数量型向质量型转变的关键节点。主要表现为早熟品种比例大，晚熟品种比例小；专用加工品种比例小；鲜食桃比例大，鲜食黄肉桃、优质油桃和蟠桃比例小。总量过剩和结构性过剩同时存在，卖果难问题日益严重。

四、苗木市场无序

我国苗木规格质量不高，品种良莠不齐，大量劣质品种苗木投放市场，标准化建园基础不牢，给生产带来巨大损失。70 多年来，我国育成桃新品种 600 多个，其中 40%多是通过芽变、实生、偶然发现或不详育成的，杂交育种亲本遗传背景狭窄问题突出，造成品种同质化严重。苗木企业无序推广新品种，同物异名、同名异物问题突出。育苗密度过大、苗木质量差、整形带饱满芽不足是最主要的问题。

第四节　我国桃产业的发展建议

一、适度规模，强化新型经营主体建设

控制全国种植总体规模，提倡适度规模经营，逐步淘汰低质、

低产、低值桃园，建立高颜值、高品质、高效益桃产业新模式。发展龙头企业、专业合作社和家庭农场，逐步实行规模化经营。桃不耐贮运，货架期短，农业企业、合作社种植规模以 10～50hm^{2}为宜，家庭农场以 2～4hm^{2}为好，农户以 1～2hm^{2}较合适。

二、加强新品种保护，提高苗木质量

加强桃新品种保护制度，遏制苗木市场混乱局面。加强新品种保护制度的宣传，强化新品种授权制度监管执法力度，建立苗木推广追溯制，保证推向市场苗木身份证和市场准入证两证俱全，最大程度保护种植者利益。

三、做好优势生态区域规划，做到适地适栽

我国桃产业生态优势呈现北方高于南方、西部高于东部的趋势，市场优势呈现南方高于北方、东部高于西部的趋势。建议华北平原区、黄淮产区可以全面发展，西南高纬度地区适当提高早熟普通桃和蟠桃比例，低纬度地区适度规模化生产，以发展特色品种为主；黄土高原产区可以适当提高油桃、油蟠桃发展比例；长江下游区域可发展些优质早熟蟠桃；环渤海湾以设施促早栽培提质增效为主。

四、调整品种结构，发展省力化栽培

现在我国早熟桃：中熟桃：晚熟桃比例约为 34：46：20，成熟期上向两头调整，利用设施栽培和低纬度高原优势，种植早中熟优质品种，弥补早熟品种风味品质不高的问题。调整黄肉桃、油桃、蟠桃、油蟠桃、红肉桃、小果型等品种和熟期结构。推广土壤改良、起垄覆盖、大苗建园、宽行密植、高“Y”整形、长枝修剪、水肥一体化等建园技术，开展行内覆盖、行间生草、枝条还田、种养结合，提升土壤有机质含量，改善土壤微环境。应用袋控缓释肥、小分子肥等，减施化肥，提升肥料利用率。提倡小型农机

具与农艺结合，节省劳动力成本，提升效益空间。建立优质绿色省力化、标准化栽培模式，实现可持续发展。

五、构建营销推广体系，实现市场配置升级

增强桃产业龙头企业的市场竞争力和自身发展能力，发挥专业合作社和家庭农场在产销间的桥梁与纽带作用，引导龙头企业、合作社开展特色化、个性化品牌创建，构建区域品牌、企业品牌、产品品牌一体化的品牌格局，强化农产品质量品牌引领，突出品牌核心要素，提升品牌形象。鼓励和支持合作社、家庭农场与中小微企业等发展农产品产地初加工，重点发展分级包装、冷链物流等商品化处理及贮藏运输设施，鼓励企业主动闯市场，积极开展专卖直销、农超对接、社区对接和连锁配送，提升电商销售能力。发掘桃文化内涵，丰富桃文化乡村旅游业态内容，不断创新桃花节休闲游新模式。

第二章　桃优良品种

桃品种按照成熟期分为极早熟、早熟、中熟、晚熟、极晚熟五类。果实发育期（即开花盛期至果实成熟期所需天数）在60d以内的为极早熟，60~90d为早熟，90~120d为中熟，120~150d为晚熟，150d以上的为极晚熟。此外，桃果按照果肉色泽，可分为黄肉桃和白肉桃；按照用途分为鲜食品种、加工品种、兼用品种以及供观赏花用的观赏品种等；按照果实特性分为普通桃、油桃、蟠桃和油蟠桃。

根据近几年的生产和试验表现，现将表现优良的优良鲜食桃品种介绍如下。

第一节　黄肉桃品种

一、普通桃

1. 中桃金魁

中国农业科学院郑州果树研究所育成的黄肉毛桃品种（图2-1）。该品种果个大，外观漂亮，口味甜香，树体丰产。平均单果重250~300g，最大单果重400g。果肉黄色，硬溶质，黏核，较耐贮运。风味甜香，可溶性固形物12%~13%。中桃金魁成熟时果面90%以上着鲜艳红色。郑州地区6月上中旬成熟，最早6月5日可采摘上市。适合露地和设施栽培生产。

图 2-1　中桃金魁

（郑州果树研究所提供）

2. 中桃金甜

中国农业科学院郑州果树研究所育成的黄肉毛桃品种。该品种果实圆形，果面 95%以上着红色，平均单果重 170g，最大单果重 300g。果肉黄色，硬溶质，风味浓甜，可溶性固形物 16%，黏核。丰产。郑州地区 6 月中旬成熟。

3. 中桃金阳

中国农业科学院郑州果树研究所育成的黄肉毛桃品种（图 2-2）。该品种 6 月中下旬成熟，果实圆形，果肉黄色，硬度较大，平均单果重 180g，最大单果重 250g，风味甜，可溶性固形物 12%，有花粉，坐果能力强，极丰产。外观漂亮，几乎与春美同期成熟，

图 2-2　中桃金阳

（郑州果树研究所提供）

但比春美外观艳丽，商品性好。

4. 中桃金美

中国农业科学院郑州果树研究所育成的黄肉毛桃品种。该品种果实圆形，成熟时果面95%着红色，平均单果重290g，最大单果重400g以上。果肉橙黄色，硬溶质，黏核。风味甜，可溶性固形物12%。有花粉，较丰产。郑州地区7月上旬成熟。

5. 中桃金饴

中国农业科学院郑州果树研究所育成的黄肉毛桃品种。该品种果实圆形，成熟果面30%着红色，套袋果金黄色。平均单果重250g，最大单果重400g以上。果肉黄色，黏核，半不溶质，风味纯甜，可溶性固形物13%~15%。挂树时间长，耐贮运。郑州地区7月中下旬成熟。该品种特别适合套袋生产纯黄色果实。另外，果实亦可以用于加工，适合建大型基地等规模化发展。

6. 黄金蜜4号

中国农业科学院郑州果树研究所育成的黄肉毛桃品种。该品种果实近圆形，平均单果重220g，最大单果重480g。果皮底色黄，着鲜红色，套袋后金黄色。果实硬溶质，风味香甜，可溶性固形物含量17%，外观艳丽，果型端正，品质高。有花粉，特丰产。果实发育期160d，9月中旬成熟。

7. 锦春

上海市农业科学院选育的黄肉毛桃品种（图2-3）。该品种果顶圆平，平均单果重240g，最大单果重350g。果皮底色橙黄色，套袋纯黄，果肉黄色，肉质细，可溶性固形物含量12%~14%，风味纯甜，有香气，品质优，硬溶质，耐储运。无裂果现象，自花结果。果实发育期70d，6月中下旬成熟。该品种适应范围广，国内南北方桃产区均可栽培。

8. 锦香

上海市农业科学院选育的黄肉毛桃品种。该品种果实圆形，平

图 2–3　锦春

均单果重 193g，最大单果重 270g。果皮底色金黄，着色约 25%，茸毛少。果肉金黄色，可溶性固形物含量 11%，风味甜，微酸，香气浓，黏核。无花粉，需配置授粉树。果实发育期 80d，7 月上旬成熟。

9. 锦园

上海市农业科学院选育的黄肉毛桃品种。该品种果实近圆形，较对称，果顶圆平，缝合线较明显。平均单果重 200g，最大单果重 270g。果皮黄色，不套袋时着红色程度约 25%，套袋后果表金黄色，果皮薄，易剥离，果肉黄色，汁液多，肉质松软到致密，可溶性固形物含量 12. 2%～14. 5%，甜味浓，鲜食品质上。黏核。自然授粉坐果率高，极丰产。果实发育期 125d 左右，8 月上中旬成熟。

10. 锦绣

上海市农业科学院选育的黄肉毛桃品种。该品种果型整齐匀称，平均单果重 260g，最大单果重 700g 左右。外观漂亮，肉色金黄。软溶质，成熟后软中带硬，甜多酸少，有香气，水分中等，风味诱人，可溶性固形物含量 13. 5%。核小。果实发育期 140d，上海地区一般在 8 月中旬成熟。

11. 锦花

上海市农业科学院选育的黄肉毛桃品种。该品种果实近圆形，较对称，果顶圆平，缝合线较明显，平均单果重228g，最大单果重396g。果皮黄色，不套袋果红色覆盖率约25%，果皮薄，易剥离。可溶性固形物含量13%~14.5%，果肉黄色，汁液较多，肉质致密，酸甜适宜，有香气，黏核，鲜食品质优。9月上旬成熟。

12. 锦硕

上海市农业科学院选育的黄肉毛桃品种。该品种果实较大，圆整，平均单果重260~300g。可溶性固形物含量13%~16%，鲜食风味优，香气浓。黏核，硬溶质，耐贮运。树势强健，抗炭疽病。无花粉，需配授粉品种或人工辅助授粉。果实发育期160d，9月中旬成熟。

13. 金黄金

山东省沂源县农业技术服务中心（原沂源县果品产销服务中心）选育的黄肉毛桃品种（图2-4、图2-5）。该品种个头大，平均单果重321g，最大单果重585g，果形指数0.89，可溶性固形物14.5%~17.5%。金黄金桃肉质金黄，口感脆甜，香气浓郁，套袋果金黄色。丰产性好，8月下旬果实成熟，硬溶质，耐贮运。该品种雄蕊败育，需人工辅助授粉。

图2-4　金黄金

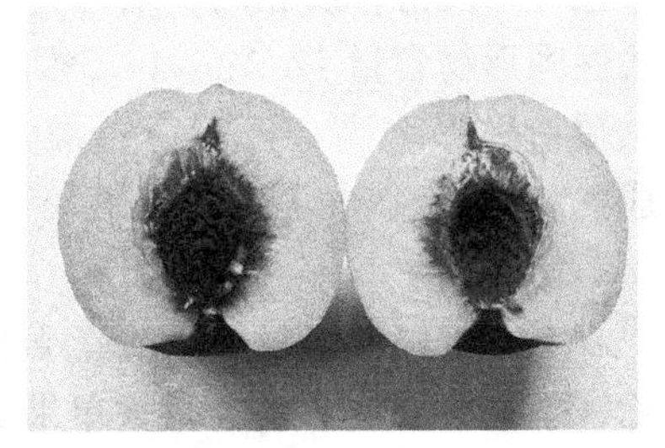

图2-5　金黄金系列桃离核性状

14. 金黄金1号

山东省沂源县农业技术服务中心选育的黄肉毛桃品种（图2-6）。该品种果实个头大，平均单果重292g，最大单果重626g，果

形指数 0.89，黏核，半溶质。该品种肉质金黄，香气浓郁，套袋果金黄色。金黄金 1 号桃含酸量很低，可滴定酸含量 0.12%，口感纯甜，可溶性固形物 14.5%，果实完全成熟时具有水蜜桃的特质。该品种丰产性好，适应性强，果实发育期 140d 左右，9 月上旬成熟。

图 2-6　金黄金 1 号

15. 金黄金 2 号

山东省沂源县农业技术服务中心选育的黄肉毛桃品种（图 2-7）。该品种个头大，平均单果重 308g，最大单果重 678g，果形指数 0.89，离核，硬溶质，耐贮运。该品种可溶性固形物 15.5%，可滴定酸含量 0.21%，每 100g 桃果肉含维生素 C 16.7mg，口感脆

图 2-7　金黄金 2 号

甜，香气浓郁，肉质金黄，套袋后果面金黄色。金黄金 2 号桃花粉量大，自花授粉率高，丰产性好，适应性强，果实发育期 150d 左右，9 月上中旬成熟。

16. 金黄金 3 号

山东省沂源县农业技术服务中心选育的黄肉毛桃品种。该品种个头大，平均单果重 310g，最大单果重 718g，果形指数 0. 89，离核，半溶质，耐贮运。该品种可溶性固形物 15%，口感脆甜，可滴定酸含量 0. 23%，每 100g 桃果肉含维生素 C 18. 5mg。该品种香气浓郁，肉质金黄，抗氧化物质丰富，果实切开后经久不易氧化。果实套袋后，果面金黄色。金黄金 3 号桃丰产性好，适应性强，9 月中下旬成熟。

17. 金黄金 4 号

山东省沂源县农业技术服务中心选育的黄肉毛桃品种（图 2-8）。该品种个头大，平均单果重 287g，最大单果重 573g，果形指数 0. 88，硬溶质，耐贮运。该品种可溶性固形物 14. 5%，口感脆甜，可滴定酸含量 0. 26%，每 100g 桃果肉含维生素 C 17. 9mg。该品种香气浓郁，肉质金黄，抗氧化物质丰富，果实切开后经久不易氧化。果实套袋后，果面金黄色。金黄金 4 号桃自花授粉，丰产性好，果实发育期 110d 左右，7 月底 8 月初成熟，挂树期 20d 以上。

图 2-8　金黄金 4 号

18. 金黄金5号

山东省沂源县农业技术服务中心联合山东农业大学、山东省果树研究所有关专家选育的黄肉毛桃品种，2021年5月通过农业农村部新品种登记。该品种果实大小中等，平均单果重221g，果形指数0.97，半溶质，耐贮运。金黄金5号可滴定酸含量0.11%，可溶性固形物14.20%，每100g桃果肉含维生素C 12.43mg，口感纯甜。果顶圆平，果肉金黄，香气浓郁，完全成熟时兼具桃杏的味道。异花授粉，需蜜蜂或人工辅助授粉，丰产性强，性状稳定，果实发育期81d左右，6月下旬成熟。

19. 金黄金6号

山东省沂源县农业技术服务中心联合山东农业大学、山东省果树研究所有关专家选育的黄肉毛桃品种，2021年5月通过农业农村部新品种登记。该品种果实个头大，平均单果重317g，果形指数0.92，半溶质，耐贮运。金黄金6号可滴定酸含量0.26%，可溶性固形物15.10%，每100g桃果肉含维生素C 16.37mg，口感脆甜。果顶圆平，果肉金黄，香气浓郁。该品种花粉量大，自花授粉，丰产稳产，果实发育期141d左右，8月下旬成熟。

20. 金黄金7号

山东省沂源县农业技术服务中心联合山东农业大学、山东省果树研究所有关专家选育的黄肉毛桃品种，2021年5月通过农业农村部新品种登记（图2-9）。该品种果实个头大，平均单果重329g，果形指数1.06，果实硬脆，硬溶质，耐贮运。金黄金7号可滴定酸含量0.19%，可溶性固形物15.50%，每100g桃果肉含维生素C 17.25mg，口感脆甜。果顶圆平，果肉金黄，肉质细腻，香气浓郁。该品种花粉量大，自花授粉，丰产稳产，果实发育期173d左右，9月下旬成熟，挂树时间20d左右，货架期长。恰逢中秋、国庆期间上市，是一个极具发展前景的优质极晚熟黄桃新品种。

图 2-9　金黄金 7 号

21. 金黄金 8 号

山东省沂源县农业技术服务中心联合山东农业大学、山东省果树研究所有关专家选育的黄肉毛桃品种，2021 年 5 月通过农业农村部新品种登记（图 2-10）。该品种果实个头大，平均单果重 314g，果形指数 0.95，果顶圆平，果肉金黄，香气浓郁。金黄金 8 号含酸量很低，可滴定酸含量 0.17%，可溶性固形物 14.70%，每 100g 桃果肉含维生素 C 16.79mg，口感纯甜。8 月中旬果实成熟，肉质硬脆，硬溶质，耐贮运。该品种雄蕊败育，需蜜蜂或人工辅助授粉。

图 2-10　金黄金 8 号

22. 北京51号

北京市农林科学院林业果树研究所选育的黄肉毛桃品种。该品种果实近圆形，果顶有突尖，果皮底色黄色，缝合线浅果面有紫红色晕、斑纹。平均单果重309g，最大单果重365g。硬溶质，离核，可溶性固形物含量12.5%，北京地区8月下旬成熟。

23. 金陵黄露

江苏省农业科学院园艺研究所育成的黄肉毛桃品种。该品种果实圆形，平均单果重226g，最大单果重383g。果皮底色黄色，果面60%以上着红色。果肉黄色，肉质硬，较耐贮运，风味甜香，可溶性固形物含量12.3%，可滴定酸0.27%，黏核。有花粉，自花结实。果实发育期92d左右，7月中旬成熟。早果、丰产性好。

二、油桃

1. 中油金冠

中国农业科学院郑州果树研究所育成的黄肉油桃品种（图2-11）。该品种6月中旬成熟，平均单果重230g，最大单果重300g，全红、有光泽，果实圆整，外观漂亮，风味甜，可溶性固形物12%，果肉硬，成熟后挂树期10d以上，综合性状优良。

图2-11　中油金冠

（郑州果树研究所提供）

2. 中油金铭

中国农业科学院郑州果树研究所育成的黄肉油桃品种。该品种果实圆整，果顶平，全红，肉质硬。果大，平均单果重250g，最大单果重450g。果肉黄色，硬溶质，风味甜，可溶性固形物15%，黏核。郑州地区6月下旬成熟。

3. 中油金黛

中国农业科学院郑州果树研究所育成的黄肉油桃品种（图2-12）。该品种果实圆整，果面光泽度好。果实大，平均单果重200g，最大单果重300g。果肉黄色，半离核，风味浓甜，可溶性固形物12%~14%，肉质为慢软型，挂树时间长，较耐贮运。郑州地区7月上中旬成熟。

图2-12 中油金黛

（郑州果树研究所提供）

4. 中油金缘

中国农业科学院郑州果树研究所育成的黄肉油桃品种。该品种果实圆整，果实较大，外观漂亮，树体丰产。平均单果重300g，最大单果重400g。成熟时果面80%着红色，套袋果金黄。果肉黄色，离核，风味浓甜，可溶性固形物14%，硬溶质，较耐贮运。郑州地区7月下旬到8月初成熟。

5. 中油4号

中国农业科学院郑州果树研究所选育的黄肉油桃品种。该品种果实近圆形，果顶圆，两半对称，缝合线较浅，梗洼中深。果个大，均匀，平均单果重160g，最大单果重270g。果皮底色淡黄，成熟后浓红色，光洁亮丽。果肉橙黄色，硬溶质，肉质细脆，可溶性固形物含量12%~15%，品质佳。核小，黏核，成熟后不裂果，耐贮运。该品种树势中庸偏强，树姿开张，萌芽率高，成枝力中等，生长快，扩冠迅速，早实，自然授粉坐果率高，树冠内外果实着色基本一致，丰产性强。花期抗低温，耐晚霜，适应性强，发育期75d左右，6月中下旬成熟。

6. 中油6号

中国农业科学院郑州果树研究所选育的黄肉油桃品种。该品种果实圆形，平均单果重170g，最大单果重232g。黄肉，可溶性固形物含量13%~16%，浓甜，品质优。肉质为硬溶质，离核。花铃型，自花结实，丰产。果实发育期80~85d，6月下旬成熟。

7. 中油7号

中国农业科学院郑州果树研究所、广西特色作物研究院选育的黄肉油桃品种。果实圆形，果个大，平均单果重170g，最大单果重300g。果顶圆平，缝合线浅，梗洼深中，梗洼宽中。果皮底色黄色，果实全面着鲜红色。果肉黄色，果肉近核处有少量红色素，硬溶质，风味甜，离核。可溶性固形物含量13.2%，可滴定酸0.3%。丰产。果实发育期100d左右，7月中旬成熟。

8. 中油8号

中国农业科学院郑州果树研究所选育的黄肉油桃品种。该品种果实圆形，果顶圆平，微凹，缝合线浅而明显，两半较对称，成熟度一致。果实大，平均单果重170g，最大单果重250g。果面光洁无毛，底色浅黄，成熟时80%着浓红色，外观美。果皮厚度中等，不易剥离。果肉金黄色，硬溶质，肉质细，汁液中等，风味甜香，近核处红色素少，可溶性固形物含量13%~16%，总酸0.41%，黏核。果实发育期120d左右，7月下旬成熟。

9. 中油19号

中国农业科学院郑州果树研究所选育的黄肉油桃品种。该品种果实圆形，美观端正，平均单果重170g，最大单果重250g。外观全红，色泽鲜艳。果肉黄色，口感脆甜，可溶性固形物含量12%～14%，黏核，品质优良。留树时间长，极耐贮运。有花粉，极丰产，果实发育期70d，6月中旬成熟。

10. 中油21号

中国农业科学院郑州果树研究所选育的黄肉油桃品种。该品种果型圆整，平均单果重255g，最大单果重420g。套袋后，果面金黄色，十分美观。果肉黄色，可溶性固形物含量18.3%，甜香味浓，品质极上，离核。有花粉，自花结实，极丰产。果实发育期约170d，9月中下旬成熟。

11. 瑞光28号

北京市农林科学院林业果树研究所选育的黄肉油桃品种。该品种果实呈近圆至短椭圆形，果实极大，平均单果重250g，最大单果重600g。果顶圆，缝合线浅，梗洼中等深度和宽度，果皮底色为黄色，果面80%着深红色，果实阳面易形成锈斑。果皮厚，不能剥离。果肉黄色，近核处果肉无红色素。肉质为硬溶质，多汁，风味较甜，可溶性固形物含量12%。果核浅褐色，椭圆形，黏核。果实发育期100d左右，北京地区7月下旬成熟。

12. 紫金红2号

江苏省农业科学院园艺研究所育成的黄肉油桃品种。该品种果实圆形，果顶圆平，平均单果重161g，最大单果重220g。果实底色黄色，着色近全红，色泽艳丽，果面光洁。果肉黄色，硬溶质，纤维少，风味甜，有香气，可溶性固形物含量13.3%。黏核，不裂果。果实发育期93d，江苏地区6月下旬成熟，丰产性好。

13. 紫金红3号

江苏省农业科学院园艺研究所育成的黄肉油桃品种。该品种果

实圆形、端正，平均单果重 210g，最大单果重 360g。果实外观鲜红靓丽，果肉黄色，口感脆甜，香气浓郁，可溶性固形物含量 12.3%。果实硬度大，无裂果，抗病性和抗裂果能力均强。果实发育期 90d，江苏地区 6 月中下旬成熟。

14. 沪油 018

上海市农业科学院选育的黄肉油桃品种。该品种果实圆形，果实个大，平均单果重 155g，最大单果重 320g。果肉黄色，肉质为硬溶质，可溶性固形物含量 12.6%，风味优，黏核。有花粉，自花结实率高，产量稳。基本无裂果。果实发育期 80d，上海地区 6 月中下旬成熟。

15. 晴朗

黄肉油桃品种，原产于美国，1984 年从澳大利亚引入我国。该品种属极晚熟品种。果实圆形，平均单果重 200g。果皮底色橙黄，阳面紫红，稍有条纹。果肉橙黄，溶质，含可溶性固形物含量 12.0%。黏核。耐贮运，采后自然贮放 1 周不腐烂。早期丰产。较抗桃疮痂病和细菌性穿孔病。果实发育期 150d，10 月上旬成熟。

三、毛蟠桃

1. 中蟠 11 号

中国农业科学院郑州果树研究所育成的黄肉蟠桃品种（图 2-13）。该品种果实扁平形，两半对称，果顶稍凹入，梗洼浅，缝合线明显、浅，成熟状态一致。平均单果重 250g，最大单果重 300g。果皮有毛，底色黄，果面 80% 以上着鲜红色晕，十分美观，皮不能剥离。果肉橙黄色，肉质为硬溶质，耐贮运。果实风味浓甜，有香味，可溶性固形物含量 15%。黏核。该品种需冷量 650h 左右。郑州地区 7 月中下旬成熟。

2. 中蟠 13 号

中国农业科学院郑州果树研究所育成的黄肉蟠桃品种。该品种果皮 75% 着红色、茸毛短、干净、漂亮，似水洗一般。果个大、

图 2-13　中蟠 11 号

均匀，平均单果重 180～225g，最大单果重 400g。果顶平、果肉厚、细腻、不裂顶、不撕皮。风味浓甜、香，可溶性固形物含量 13%。黏核，极丰产。综合性状良好，适宜规模化发展。郑州地区 6 月底 7 月初成熟。

3. 中蟠 17 号

中国农业科学院郑州果树研究所育成的黄肉蟠桃品种。该品种成熟时果面 75%着红色，果实大，平均单果重 250g，最大单果重 400g。果肉橙黄色，套袋果全果金黄色。果顶平、肉质细腻、不撕皮，风味浓甜，可溶性固形物含量 13%～15%。丰产性好。个别果稍有裂果。郑州地区 8 月初成熟。

4. 中蟠 19 号

中国农业科学院郑州果树研究所育成的黄肉蟠桃品种。该品种果实扁平形，平均单果重 250g，最大单果重 554g。成熟时，果面 80%着红色，果实大，果肉厚。不裂顶。果肉橙黄色，套袋果全果金黄色。硬溶质，风味浓甜，可溶性固形物 15%。离核。极丰产。郑州地区 7 月中旬成熟。注意采收成熟度。

5. 中蟠 21 号

中国农业科学院郑州果树研究所育成的黄肉蟠桃品种（图 2-14）。该品种果个大，外观漂亮，口味甜香，树体丰产。平均单果重 300g，最大单果重 500g 以上。果肉黄色，半不溶质，黏核，较耐贮运。风味香甜，可溶性固形物 15%~18%。中蟠 21 号可生产高档晚熟蟠桃，套袋可全黄，不反色。郑州地区 8 月中下旬成熟。适合有比较优势的地区栽培生产。

图 2-14　中蟠 21 号

（郑州果树研究所提供）

四、油蟠桃

1. 中油蟠 7 号

中国农业科学院郑州果树研究所育成的黄肉油蟠桃品种。该品种果个大，丰产性好。果实扁平形，平均单果重 300g，最大单果重 350g。果肉黄色，硬溶质，风味浓甜，可溶性固形物 16%，品质上。黏核。郑州地区 7 月中旬成熟。多雨地区有裂果，须套袋栽培。

2. 中油蟠 9 号

中国农业科学院郑州果树研究所育成的黄肉油蟠桃品种（图 2-15）。该品种果实扁平形，平均单果重 200g，最大单果重 350g。

果肉黄色，硬溶质，肉质致密，风味浓甜，可溶性固形物15%，品质上。黏核。丰产。郑州地区7月上旬成熟。生产中有裂果，须套袋栽培。

图2-15　中油蟠9号

3. 中油蟠15号

中国农业科学院郑州果树研究所育成的黄肉油蟠桃品种。该品种外观漂亮，树体丰产。平均单果重200~250g，最大单果重350g，风味甜香，可溶性固形物16%~18%。果肉黄色，硬溶质，离核，较耐贮运。郑州地区8月上旬成熟，套袋全黄。适合露地生产高品质果品，有比较优势的地区可栽培生产。

4. 金霞早油蟠

江苏省农业科学院选育的黄肉油蟠桃品种。该品种果实扁平形，果面整洁平整，果顶凹入，缝合线较浅。平均单果重130g，最大单果重205g，果面着艳丽的红色。果实硬度大，果肉金黄色，风味甜，可溶性固形物含量14%，基本不裂果，黏核。果实发育期90d，7月中旬成熟。

5. 金霞油蟠

江苏省农业科学院选育的黄肉油蟠桃品种。该品种果实扁平形，果心无或小。平均单果重130g，最大单果重230g。果皮底色黄色，果面80%以上着红色，外观艳丽。果肉金黄色，风味甜，可溶性固形物含量12.0%~14.5%，黏核。该品种早果性好，丰产

稳产。果实发育期 114d 左右，8 月上旬成熟。

第二节 白肉桃品种

一、普通桃

1. 春红

中国农业科学院郑州果树研究所选育的白肉桃品种。该品种果实近圆形，果顶平，偶具小尖，两半部较对称。平均单果重 120g，最大单果重 180g。果皮底色绿白，成熟时果面全面着玫瑰红色，过熟时紫红色。果肉白色，肉硬脆，完熟后稍软，汁液中等，风味甜，可溶性固形物含量 10%~12%，黏核。树体生长健壮，树姿半开张，各类果枝均能结果，并以中、长果枝结果为主。蔷薇型花，花粉多，丰产性极好。果实发育期 50d 左右，6 月上旬成熟。

2. 春美

中国农业科学院郑州果树研究所选育的白肉桃品种。该品种果实近圆形，平均单果重 156g，最大单果重 250g。果皮底色乳白，成熟后整个果面着鲜红色，艳丽美观。果肉白色，肉质细，硬溶质，风味浓甜，可溶性固形物含量 12%~14%，品质优。核硬，不裂果。有花粉，自花结实力强，极丰产。该品种需冷量 550~600h，果实发育期 70d 左右，6 月下旬、7 月上旬成熟，成熟后不易变软，耐贮运，可留树 10d 以上不落果、不裂果。

3. 中桃绯玉

中国农业科学院郑州果树研究所选育的白肉桃品种。该品种果面全红，鲜艳美观，平均单果重 170g，最大单果重 300g。果肉较硬，肉质细，肉质红色素多，风味甜，可溶性固形物含量 11%，黏核。该品种树势强健，丰产性好，花粉多。6 月下旬成熟。既适合露地栽培，又适合设施栽培。

4. 中桃紫玉

中国农业科学院郑州果树研究所选育的白肉桃品种。该品种果实圆形，两半对称，果顶平，梗洼较深，缝合线浅，成熟一致。果实较大，平均单果重180g，最大单果重200g。果皮茸毛短，底色乳白，果面全红，适宜采收时鲜红色，充分成熟时紫红色，十分美观。果肉红色素多，表现为红色，近核处红色素少。硬溶质，汁液中多，纤维中多，味甜，可溶性固形物含量12%，黏核。发育期70d，6月下旬成熟。

5. 中桃红玉

中国农业科学院郑州果树研究所选育的白肉桃品种。该品种果实圆形，两半对称。平均单果重169g，最大单果重270g。果顶平，梗洼浅，缝合线明显、浅，成熟状态一致。果皮有细短茸毛，底色乳白，果面全红，呈明亮鲜红色，果实充分成熟后果皮不能剥离。果肉乳白色，硬溶质，汁液中等，纤维中等，果实风味甜，可溶性固形物含量12%。耐运输，货架期长，7月上旬成熟。

6. 中桃5号

中国农业科学院郑州果树研究所选育的白肉桃品种。该品种果实圆而端正，果顶凹入，果皮底色白，成熟后整个果面着鲜红色，十分美观。果实大，平均单果重195g，最大单果重260g。果肉白色，风味浓甜，可溶性固形物含量13%~16%。果肉脆，成熟后不易变软，黏核。蔷薇型花，花粉多，自花结实，丰产。果实发育期约100d，7月中下旬成熟。

7. 中桃6号

中国农业科学院郑州果树研究所选育的白肉桃品种。该品种果实扁圆形，平均单果重200g，最大单果重400g。果实红色，果面2/3着红色。硬溶质，耐贮存，口感甘甜，风味特佳，可溶性固性物含量12.3%。自花授粉，丰产性强。8月上旬成熟，是采摘园、观光园首选品种。

8. 中桃 21 号

中国农业科学院郑州果树研究所选育的白肉桃品种。该品种果实圆形，平均单果重 265g，最大单果重 510g。果皮底色浅绿白色，成熟时 50%以上果面着深红色，果肉白色，溶质。风味甜香，可溶性固形物含量 12.5%～13.5%，品质优良。果核长椭圆形，黏核。花蔷薇型，无花粉，需配授粉树。郑州地区 3 月下旬开花，果实发育期约 140d，8 月中旬成熟。

9. 中桃 22 号

中国农业科学院郑州果树研究所选育的白肉桃品种。该品种果实圆形，两半较对称，成熟度一致。果实个头大，平均单果重 267g，最大单果重 430g。果实表面茸毛中等，底色乳白，成熟时 50%以上果面着深红色。果肉白色，肉质细，汁液中等，风味甜香，近核处红色素较多，可溶性固形物含量 12.2%～13.7%。果核长椭圆形，黏核。果实发育期 160d，9 月中旬成熟。

10. 白如玉

中国农业科学院郑州果树研究所选育的白肉桃品种。该品种果实圆形，平均单果重 260g，最大单果重 356g。外观及果肉纯白如玉。硬溶质，浓甜，品质优良，可溶性固形物含量 14%～16%，黏核。留树时间长，极耐贮运。蔷薇型花，有花粉，极丰产。果实发育期 100d，7 月中旬开始成熟。

11. 早美

北京市农林科学院林业果树研究所选育的白肉桃品种。该品种果实圆形，平均单果重 100g，最大单果重 160g。果面 1/2 至全面玫瑰红色，硬溶质，黏核，不裂核。可溶性固形物含量 9%左右，完熟后柔软多汁，风味甜。果实发育期 50～55d，6 月中旬成熟。树势强健，个别年份有冻花芽现象，但不影响产量。适宜露地及保护地种植。

12. 华玉

北京市农林科学院林业果树研究所选育的白肉桃品种（图 2-

16）。该品种果实近圆形，果个大，平均单果重 270g，最大单果重 400g。果顶圆平，果面 1/2 以上着玫瑰红色或紫红色晕。果皮中等厚，不易剥离。果肉白色，肉质硬，细而致密，汁液中等，纤维少，风味甜，有香气，可溶性固形物含量 13.5%。不褐变，离核，商品性极佳，极耐贮运。花蔷薇型，无花粉，丰产。果实发育期 125d 左右，8 月下旬成熟。

图 2-16　华玉

（青岛市农业科学研究院提供）

13. 京艳

北京市农林科学院林业果树研究所选育的白肉桃品种。该品种果实近圆形，整齐，果顶平，中央凹入。平均单果重 220g，最大单果重 430g。果皮底色黄白稍绿，近全面着稀薄的鲜红或深红色点状晕，背部有少量断续条纹，果皮厚，完熟后易剥离，果肉白色，阳面近皮部淡红色，核周有红霞，肉质致密，完熟后柔软多汁，风味甜，有香气，可溶性固形物含量 13.4%，品质上等。黏核，耐贮运。树势较旺盛，树姿半开张。花粉极多，有采前落果现象。果实发育期 135d 左右，9 月上旬成熟。

14. 北京晚蜜

北京市农林科学院林业果树研究所选育的白肉桃品种。该品种果实圆形，果个大，平均单果重可达 300g 以上。果型端正，果皮底色黄绿，成熟时 3/4 果面鲜红，色泽艳丽，茸毛稀而短，果面光

洁，果顶圆，缝合线较浅。果肉黄白色，硬溶质，肉质细脆，汁多，风味甘甜浓香，品质上等，黏核，核小，近核处有红色素。可溶性固形物含量12%~16%。该品种耐旱，耐寒，耐贫瘠，雨后无裂果，是一个优良的晚熟桃品种。果实发育期165d，9月中旬成熟，耐贮运。

15. 岱妃

山东省果树研究所选育的白肉桃品种。该品种果实近圆形，果顶凹陷，平均单果重242.48g，最大单果重420g。果实茸毛中等，缝合线中浅，两半略不对称，梗洼深广，果实底色绿白，果面全部着浅红色晕，果皮较厚，难剥离，果肉白色，硬溶质，近核处红色素少，肉质硬脆，纤维少，汁液少，风味甜，品质上乘，可溶性固形物12.8%，极耐贮运，货架期20d，有裂果现象，核卵圆形，核面较粗糙，核纹中等，半离核。7月上旬可采摘，可采期40d，果实发育期70~110d。花粉量大，自然授粉坐果率高。

16. 玉妃

山东省果树研究所选育的白肉桃品种（图2-17）。该品种果实扁圆形，果顶凹陷，平均单果重249.27g，最大单果重350.8g。果实茸毛少，缝合线深广，缝合线两半部略不对称，梗洼深广，果实

图2-17　玉妃

（山东省果树研究所提供）

完熟底色乳黄，果面全部着浅红色晕，成熟度一致，果皮较厚，难剥离。果肉白色，果肉有少量红色素，近核处红色素多，肉质硬脆细腻，纤维少，汁液多，风味甜，可溶性固形物14.2%，品质上乘，无裂果现象，核卵圆形，核面较粗糙，核纹中等，黏核。红色素呈点状均匀分布，硬溶质，耐贮运，货架期7d。可采期10d，果实发育期110~120d。8月上旬成熟。花粉量大，自然授粉坐果率高。

17. 秋彤

山东省果树研究所于2000年自美国加利福尼亚州Zaiger育种公司引进的白肉桃品种。该品种果实大型，平均单果重257.2g，大小均匀，果实近圆形，果尖平，缝合线浅，两半基本对称。果皮中厚，不易剥离，果面茸毛短，底色黄色，果实成熟时，果面全面着浓红色，色彩艳丽。果肉白色，不溶质，肉质硬脆，纤维少，汁液多。风味甜，爽口，香气浓。该品种自花结实能力强，离核，核小。可溶性固形物13.5%，可滴定酸0.18%，去皮硬度8.40kg/cm²。品质上，果实硬度大，耐贮运。室温下可贮存10d左右。冷藏条件下可贮藏40d以上。果实发育期150d左右，9月10日左右成熟。

18. 春丽

山东省果树研究所选育的白肉桃品种。该品种果实圆形，中大，平均单果重248.2g，最大单果重363.8g。缝合线明显，两半较对称。果顶微凸，梗洼中广。果面全红，有光泽，茸毛短，果皮中厚，不易剥离，果肉白色，红色素较少，汁液多，肉质细脆，不溶质，果核小，黏核。可溶性固形物12.5%，可滴定酸0.21%。风味甜，鲜食品质上。果实发育期65d左右，6月中旬成熟。自花结实力强。

19. 夏甜

由美国加利福尼亚州Zaiger育种公司育成的白肉桃品种，山东省果树研究所引进。该品种果实圆形，中大，平均单果重257.4g，最大单果重 310.6g。缝合线浅，不明显，两半较对称。果顶微凹。梗洼中广。果面全红，有光泽，茸毛短。果皮中厚，不易剥离。果肉白色，成熟后近核处有红色素，汁液中多。肉质细脆，不溶质，硬度大。果核小，离核。可溶性固形物 14.1%，可滴定酸 0.27%。风味甜，鲜食品质上。果实发育期 120d 左右，8 月上旬成熟。自花结实力强。

20. 霞脆

江苏省农业科学院园艺研究所选育的白肉桃品种（图 2-18）。该品种果实近圆形，果皮乳白色，着色较好，着粉色条纹，果皮不易剥离。平均单果重 200g 左右，最大单果重 320g。果肉白色，肉质硬脆，不溶质，汁液较少，风味甜，可溶性固形物含量 12%~14%，黏核。耐贮性好，常温下可贮藏 1 周以上，7 月中旬成熟，成熟期较长，需分批采摘。自花结实力强。

图 2-18　霞脆

（青岛市农业科学研究院提供）

21. 霞晖 6 号

江苏省农业科学院园艺研究所选育的白肉桃品种（图 2-19）。该品种果实圆形，平均单果重 220g，最大单果重 351g。果皮底色乳黄色，果面 80% 以上着红色。果肉白色，肉质细腻，硬溶质，风味甜香，可溶性固形物含量 12%~14%，黏核。树体生长健壮，树姿半开张，有花粉，丰产性强。果实发育期 108d 左右，7 月中下旬成熟。

图 2–19　霞晖 6 号

（青岛市农业科学研究院提供）

22. 春元

青岛市农业科学研究院果茶研究所选育的白肉桃品种，该品种树势中庸，早果性、丰产性强，自花授粉，坐果率高。果实近圆形，果顶圆，缝合线浅，两半部匀称。平均单果重 100g。果皮底色乳白到乳黄，果面光滑、茸毛少，色彩鲜红，有光泽，成熟时着色度达 95% 以上。果肉浅黄白色，软溶质，汁液多，风味浓甜，品质优良，可溶性固形物含量 11%～13. 5%。核极小，果实可食率达 96%。果实发育期 56～58d，6 月上旬成熟。

23. 有名白桃

韩国品种，亲本为‘大和早生’×‘砂子早生’。该品种果实圆形，果顶圆平，两半对称。平均单果重 180g，最大单果重 222g。果皮底色乳白色，着色良好，皮不能剥离。果肉白色，夹带红色，不溶质，汁液和纤维中等，风味甜，可溶性固形物含量 12%，黏核。果实发育期 130d，8 月下旬成熟。

24. 金秋红蜜

该品种果实圆形，缝合线较明显，果顶略突起。果个大，大小均匀，平均单果重 282g，最大单果重 600g。果皮中厚，不易剥离，成熟时果实底色乳白色，套袋果 70% 以上着红色，果面茸毛稀、

短，果实成熟后散发出浓郁香味。果肉乳白色，黏核，近核处有红晕，肉质细密、硬、脆，味甘甜，可溶性固性物含量15%左右。品质上等，耐贮运，货架期长。果实发育期175d，9月底至10月初成熟。

25. 沂蒙霜红

沂蒙霜红是山东农业大学以桃品种‘寒香蜜’做母本、‘桃王九九’和‘冬雪蜜’的混合花粉做父本杂交育成的白肉桃品种。该品种果实圆形，果个大，平均单果重340g，最大单果重503g。果实着鲜红色，色泽艳丽。果肉白色，肉质细、脆，风味甜，品质优良。可溶性固形物含量14.1%。黏核。该品种丰产性好，适应性强，耐干旱、耐瘠薄、抗炭疽病、轮纹病、流胶病，无其他特殊易感病虫害。山东地区果实10月下旬至11月初成熟。

二、油桃

1. 中油11号

中国农业科学院郑州果树研究所选育的白肉油桃品种。该品种平均单果重100g，最大单果重150g。整个果面着鲜红色，果肉白色，果皮光滑无毛，底色浅绿白或乳白色，可溶性固形物含量9%~12%，黏核，核硬，不裂果。有花粉，自花结实力强，极丰产。果实发育期50d，比‘曙光’早熟15d，郑州地区5月中旬成熟。

2. 瑞光38号

北京市农林科学院林业果树研究所选育的白肉油桃品种。该品种果实近圆形，平均单果重200g，最大单果重270g。果面着红色晕，色泽艳丽。果皮厚度中等，不能剥离。果肉黄白色，皮下红色素少，近核处有少量红色素，硬溶质，汁液多，味浓甜，可溶性固形物含量12.6%。黏核。花蔷薇型，有花粉，丰产。果实发育期为120d，北京地区8月下旬成熟。

3. 瑞光39号

北京市农林科学院林业果树研究所选育的白肉油桃品种。该品种果实近圆形，平均单果重202g，最大单果重284g。果顶圆，略带微尖，缝合线浅。果面3/4或全面着玫瑰红色或紫红色晕。果皮厚度中等，不能剥离。果肉黄白色，近核处有少量红色素，硬溶质，汁液多，味香甜，可溶性固形物含量12.5%。黏核。有花粉，丰产。果实发育期132d，北京地区8月下旬9月上旬成熟。

三、蟠桃

1. 瑞蟠13号

北京市农林科学院林业果树研究所选育的白肉蟠桃品种。该品种果实扁平形，平均单果重133g，最大单果重183g。果面近全红。果顶凹入，不裂或个别轻微裂，缝合线浅，果皮中厚、易剥离。果肉黄白色，硬溶质，汁多，纤维少，风味甜，有淡香气，耐运输。黏核。可溶性固形物含量11%以上。花蔷薇型，花粉多。早果，丰产。果实发育期78d，北京地区6月底成熟。

2. 瑞蟠14号

北京市农林科学院林业果树研究所选育的白肉蟠桃品种。该品种果实扁平形，平均单果重137g，最大单果重172g。果型圆整，果个均匀，果顶凹入，不裂顶，缝合线浅，果皮黄白色，果面全面着红色晕。果皮中等厚，难剥离。果肉黄白色，硬溶质，多汁，纤维少，风味甜，有香气，黏核。可溶性固形物含量11%。该品种易形成花芽，复花芽多，花粉多，丰产。果实发育期87d，北京地区7月上中旬成熟。

3. 瑞蟠16号

北京市农林科学院林业果树研究所选育的白肉蟠桃品种。该品种果实扁平形，平均单果重122g，最大单果重159g。果顶凹入，不裂顶，缝合线浅，果面全面着红色晕。果皮中厚，易剥离。果肉黄白色，硬溶质，多汁，纤维少，风味甜，可溶性固形物含量11%。黏核。易形成花芽，花蔷薇型，花粉多，自然坐果率高，丰产。果实发育期96d，北京地区7月中下旬成熟。

4. 瑞蟠19号

北京市农林科学院林业果树研究所选育的白肉蟠桃品种。该品种果实扁平形，平均单果重161g，最大单果重233g。果个均匀，果顶凹入，部分果实有裂顶现象。果皮底色黄白，果面近全面着紫红色或晕。果皮中等厚，不能剥离。果肉黄白色，硬溶质，多汁，纤维少，风味甜。黏核。可溶性固形物含量11.3%。花蔷薇型，花粉多。果实发育期119d，北京地区8月中旬成熟。

5. 瑞蟠20号

北京市农林科学院林业果树研究所选育的白肉蟠桃品种。该品种果实扁平形，平均单果重255g，最大单果重350g。果个均匀，果顶凹入，个别果实果顶有裂缝，缝合线浅。果皮底色黄白，果面1/3~1/2着紫红色或晕，茸毛薄。果皮中厚，不能剥离。果肉黄白色，近核处有少量红色素。硬溶质，多汁，完熟粉质化，纤维少，风味甜，硬度高。离核，有个别裂核现象。可溶性固形物含量13.1%。该品种花芽形成好，复花芽多。花蔷薇型，花粉多，丰产。果实发育期160d，北京地区9月中下旬成熟。

6. 瑞蟠21号

北京市农林科学院林业果树研究所选育的白肉蟠桃品种（图2-20）。该品种果实扁平，平均单果重236g，最大单果重294g。果个均匀，远离缝合线一端果肉较厚，果顶凹入，基本不裂，缝合线浅，果皮底色黄白，果面1/3~1/2着紫红色或晕，茸毛薄。果皮中厚，难剥离。果肉黄白色，近核处红色。硬溶质，多汁，纤维少，风味甜，较硬。黏核。可溶性固形物含量13.5%。该品种有花粉，丰产。果实发育期166d，北京地区9月下旬成熟。

图 2-20 瑞蟠 21 号

7. 瑞蟠 24 号

北京市农林科学院林业果树研究所选育的白肉蟠桃品种。该品种果实扁平形，平均单果重 226g，最大单果重 406g。梗洼处不易裂皮，黏核。果肉黄白色，硬溶质，风味甜，可溶性固形物含量 12.6%。有花粉，丰产。果实发育期 135d，北京果实成熟期 8 月底。

8. 玉霞蟠桃

江苏省农业科学院林业果树研究所选育的白肉蟠桃品种。该品种果实扁平形，平均单果重 160g，最大单果重 321g。果皮底色绿白色，80%以上着红色或紫红色。果皮厚，不易剥离。果肉白色，硬溶质，风味甜，纤维少，可溶性固形物含量 12.8%。黏核。自花结实，丰产性好。果实发育期 120d，江苏南京地区 7 月下旬成熟。

9. 瑞油蟠 2 号

北京市农林科学院林业果树研究所选育的白肉油蟠桃。该品种果实扁平形，平均单果重 140g，最大单果重 230g。果面近全红，果顶较好。果肉白色，风味甜，硬度较高，可溶性固形物含量 12.7%。黏核。有花粉，丰产。果实发育期 110d，北京地区 8 月上旬成熟，成熟时树上挂果期比较长。

第三章　桃育苗技术

第一节　砧木的选择

一、桃树砧木选择的条件

与接穗品种有良好的亲和力、共生力，嫁接口愈合良好，成活率高（>90%）。

对当地土壤、气候等自然条件适应性强；嫁接树根系发达，生长健壮。

对接穗品种的生长和结果有利，能增进品质，提高产量。

具有抗寒、抗旱、抗涝、抗盐碱、抗病虫能力或能控制树体生长等特性。

砧木来源丰富，容易繁殖。

二、桃树常用砧木种类

桃树育苗可用毛桃、山桃、杏、李、毛樱桃、欧李等作为砧木，但应用最普遍的砧木是毛桃与山桃。

1. 毛桃

小乔木，蔷薇科，桃属。毛桃果核扁形，缝合线明显，不同类型毛桃核大小不等。毛桃与桃嫁接亲和力强，根系发达，生长势旺盛，抗旱、抗寒、耐高湿，但不耐涝。适宜南北方气候和土壤条件，是桃树的主要砧木。

2. 山桃

小乔木，蔷薇科，李属。山桃果核球形，表面光滑，核纹较浅。与桃树嫁接亲和力强，耐旱、耐寒、耐盐碱，但怕涝，在地下水位高的桃园，易感染黄叶病、根癌病和茎腐病。在吉林、辽宁、山东、山西、江苏、安徽、河北等地应用较多，是我国东北、华北、西北地区桃树的主要砧木。

三、砧木种子的选择与处理

1. 砧木种子的选择

（1）选择充分成熟、果大、果型端正、色泽正常的果实，这样的种子饱满、整齐一致，发芽率高。

（2）采摘种子时及时去除果肉杂质，取出的核（种子）应洗净果肉，放置在通风阴凉处干燥。切忌堆沤腐烂，以免果肉发酵产生的高温损伤种胚。

（3）种了丁后收藏在干燥冷凉处，防止发霉及鼠类偷食。

（4）应选择当年新种子育种，陈年种子出芽率明显降低，最好不用。

2. 砧木种子的层积处理

北方落叶果树种子大多有自然休眠特性，种子的休眠是果树在长期系统发育过程中形成的一种特性和抵抗不良环境条件的适应性。桃砧木种子也一样，具有自然休眠特性。种子的休眠有利于果树的生存、繁殖及种子的贮藏，但对播种育苗来说则带来一些困难。因此，在播种前需要对休眠种子进行预处理，在人工控制条件下，利用人为措施，打破种子休眠，促进种子萌发。

将桃树砧木种子在一定低温（最适宜温度3~5℃）、湿度和通气条件下，经过一定时间完成后熟之后才能发芽，即层积处理。

（1）层积处理种子的开始时间、沙藏时间及温度。

层积处理种子的开始时间：可根据播种日期和种子层积天数向前推算。例如，在淄博市沂源县，毛桃多于3月中旬播种，其层积

日数需要 90d 左右，可以推算出毛桃种子应于上年 12 月上旬开始层积处理。

沙藏时间：90d 左右。

层积温度：2~7℃。层积期间有效最低温度为-5℃，有效最高温度为 17℃，超过上限或下限温度，种子不能发芽转入二次休眠。

（2）层积的方法。

第一步：浸泡种子。将干燥的种子放在清水中浸泡 24~36h，捞出漂浮的秕种子、霉烂种子。

第二步：层积处理。取干净的河沙，用量为种子容积的 5~10 倍，沙子的湿度以手握成团不滴水、松手即散开为度（大约为河沙最大持水量的 50%）。将浸泡的种子与河沙均匀混合。

第三步：层积种子。选择地势较高的背阴、通风处，挖深宽 80~100cm 的沟，长可随种子的数量多少而定。在沟底先铺一层 10cm 厚湿沙，然后将混合好的种子放入沟内，层积种子的厚度不超过 30cm，使种子处在冻土层以下即可。在最上层覆盖 2~4cm 湿沙，然后覆土 30~40cm，并高出地面成土丘状，以利排水。在沟内每隔 2m 插放一个直径约 10cm 的草把，以利于通气。层积堆上可覆盖草苫或塑料薄膜，利于保湿并防止鸟、鼠等危害。

种子量小时，可用透气的容器（花盆或木箱）盛放。容器先用水浸透，装入混匀的材料，上层覆 2~4cm 的湿沙，再放入挖好的层积坑内。

四、实生砧木苗的培育

1. 播前准备

（1）整地起垄。苗圃地应选择地势高、地下水位低、水源充足、光照条件和地力条件好的生茬沙壤地。

平整地块，每亩施腐熟有机肥 4 000~5 000kg，混施复合肥 25kg，翻土 25~30cm；捡出石块、杂草；灌水沉实，当土壤湿度达到 70% 左右时，南北向起垄，垄高 10cm，垄宽 60cm，垄间距 20cm。

（2）播前种子检查。土壤解冻后，打开沙坑检查种子发芽情况，当 2/3 桃核开裂且内核发芽时，开始播种。未破裂的桃核每天浸泡，捞出并在阳光下暴晒 4～5h，直到种子裂口后即可进行播种。

2. 播种

一般在 3 月上中旬，灌水后土壤不黏时可以播种。条播，在垄上距中心线两侧各 15cm 处开 6～10cm 的沟，株距 10cm，覆土填平，播后覆膜。播种时种子的缝合线与地面垂直，倒卧向上，以利胚根向下生长，胚芽向上生长。一般毛桃种子播种量 40～50kg/亩，山桃 20～30kg/亩。

3. 实生苗管理（图 3-1）

（1）破膜、控杂草。覆盖地膜的苗圃地，在苗木出土后要及时观察，用利器划破膜诱导苗木出膜，并将幼苗周围地膜用土压实，由于苗木出土时间不一致，破膜诱导苗木出膜、覆土要反复进行多次。破膜诱导苗木出膜与中耕除草可一起进行，对于地膜下杂草出土后可在地膜上覆土，控制杂草生长。

图 3-1　桃育苗

（2）灌水和排水。幼苗出土后每隔 3～5d 检查土壤是否湿润，如膜下的土壤干燥，要及时灌水。垄沟内灌水，让水淹到垄上。雨季应及时排涝，防止苗木徒长。

（3）间苗、移栽。幼苗出土时如果疏密不均，可通过间苗、移栽调整。第一次间苗在3~4片叶时进行，留优去劣，拔掉过密幼苗；20d后可进行第二次间苗，此次间苗可根据计划株距定苗，对缺苗的地方进行补栽。间苗、移栽后应立即灌水。

（4）施肥。在幼苗3~5片叶时可进行根外追肥，以促进苗木生长，前期以速效氮肥为主，后期喷施磷酸二氢钾或其他叶面肥料。叶面肥总浓度一般为0.2%~0.4%。幼苗长到20~30cm时结合灌水或降雨进行土壤追肥，每亩追施尿素或多元复合肥10~15kg。

（5）防治病虫害。苗圃地易发生立枯病或猝倒病，及时喷施70%甲基硫菌灵可湿性粉剂1 000倍液防治；如有土蚕、蛴螬、地老虎等地下害虫，及时浇灌阿维菌素或辛硫磷等药剂；如发生螨类、卷叶蛾、蚜虫等，根据虫害发生情况喷施三唑锡、菊酯类或吡虫啉等农药防治。

（6）去分枝和打头。在幼苗长到20~30cm时，及时去掉砧木苗嫁接部位附近的分枝，使嫁接部位光滑，便于嫁接，提高嫁接成活率。为防止砧木幼苗徒长，当苗木长至1.2m左右时，打头促进苗木加粗。

第二节　嫁接技术

一、接穗采集、保存

1. 采集接穗

接穗应从品种纯正、树体健壮、无病虫害且无检疫对象的盛果期大树上选取树冠外围、芽体饱满的一年生新梢作接穗。接穗长度在15cm以上，粗度0.5~0.8cm，每条接穗上保证有10个左右的饱满芽，不可选取下垂枝、徒长枝和内膛枝作接穗。夏季芽接时，接穗采集后应立即剪掉叶片（只保留0.5~1cm的叶柄），剪掉顶端不充实部分及副梢，选择枝条中间强壮的新芽。

2. 接穗保存

接穗最好就近采集，随采随接。临时保存接穗时，可将枝条按一定数量打成捆后，基部浸在3~4cm深的清水中保湿。从外地采集的接穗要按一定数量打成捆，标明品种、采集时间、地点，用湿麻袋或湿草袋包好并控制好温度，装入塑料袋内运回。

冬季可结合桃树修剪时采集接穗，采后要打成小捆，挂好标签，保存接穗时要注意保湿和防止冻害。

3. 品种选择

在选取桃品种时，要选择高品质、高产量和高效益的桃品种，主要有‘金黄金’系列、中桃系列和油蟠桃系列等，做好早中晚熟品种搭配，根据品种特性合理配置授粉树。

二、嫁接方法

生产中桃嫁接苗大多是利用毛桃、山桃种子繁殖的实生苗作砧木，再在砧木上嫁接所需要的品种。桃树苗木的嫁接一般采用芽接法进行嫁接。

1. “T”形芽接

“T”形芽接是桃树苗木繁殖上最普遍的嫁接方法，在生长季中凡是砧木和接穗能离皮的时期均可进行嫁接，多在6月上旬到8月上旬。培育一年生苗宜在6月上旬嫁接，嫁接部位距地面15~20cm；培育芽苗和2年生苗，宜在8月上旬嫁接，嫁接部位距地面20cm。

（1）削接穗。在接穗上选择饱满芽，在接穗芽的上方0.5cm处横切一刀，深达木质部，然后从芽的下方至1.5~2cm处由浅至深向上斜切一刀，深达木质部的1/3~1/2，并使刀口与芽上横切刀口相遇，用手指随即掐下盾形带生长点的芽片。芽片长度达到2~2.5cm，芽上占2/5，芽下占3/5。

（2）削砧木。在距离地面15~20cm处光滑部位横竖各切一刀成“T”形，深达木质部，横刀口平、长 1cm，竖刀口直、长度与芽片长度相等，将砧木皮用刀尖剥开，使芽片、砧木横切口对齐靠紧，用塑料条自下而上捆严，只露出叶柄和芽体。

2. 带木质部芽接

带木质部芽接（又叫嵌芽接）是指接芽被取下时带有木质部，嫁接时砧木和接穗可以不离皮，因此一年四季均可嫁接。但以春季在萌芽前后和秋季 8 月下旬至 9 月中旬为宜。在夏季的 7—8 月用带木质部芽接，嫁接后可造成接芽自然萌发，但此时萌发抽生的新梢木质化程度低，秋季不能成熟，冬季可冻死，所以应避开这一时间段嫁接。

（1）削接穗。削接穗时手反拿接穗，先从芽上方 1cm 处向下斜切一刀，深达木质部，长度约 2cm；再在芽下方 0.5cm 处向下斜切一刀，深达第一刀处，长 0.6cm，取下芽片。

（2）削砧木。砧木切口方法与接穗取芽方法相同，砧木上取下木质与接芽形状相同，大小略长 2~3mm，切砧木下部外皮时下部留 2~4mm，再把接穗上取下的芽块对准形成层镶嵌到砧木切口处，然后用塑料条捆扎固定。

（3）带木质部芽接嫁接技术要求。一是砧木嫁接部位光滑平整；二是削接穗时要平稳，削面要平，嫁接速度要快；三是砧木上削取的木质块要比接穗上的芽块要大些，形成层要对准，两侧不能对齐时，尽量将一侧对齐；四是包扎时塑料条要用力包紧、包严，露出芽眼。

3. 贴芽接

又名一刀削。其优点是嫁接速度快、成活率高、愈合快、嫁接时期长。具体方法如下。

（1）削砧木。在砧木距地 15~20cm 处选一光滑面，由下向上轻削一刀；削时，要用手腕轻轻旋转刀头，削下长 2.5~3cm、深约 2mm 的梭形片。

（2）削接穗。在芽眼的上端约 1.25cm 处入刀并向下轻削，至芽眼部位开始旋转刀头，在芽眼下端约 1.25cm 处停止，削入的厚度约 2mm，带木质部取下梭形芽片，芽片要比砧木的切口略小。

（3）砧穗接合。将接芽贴在砧木上，尽可能使接芽与砧木的下端与两侧形成层对齐，上端可稍显缝隙。

（4）绑缚。用长约 9cm、宽约 30cm、厚度为 0.008mm 的地膜条，扎严扎紧，使之上下左右不透水、不漏气。芽眼处缠单层，其他处可以多层。9～10d 后即可平茬，无须解除绑缚，芽眼可以自行突破薄膜。若用其他较厚的塑料条绑缚，则需 15d 平茬，并解除绑缚。

第三节　嫁接苗管理

一、检查成活率

嫁接后 7～10d，若叶柄自然脱落或用手一触即掉的为嫁接成活，叶柄、接芽均变黑、干瘪、手碰叶柄不脱落的即为没有成活，可及时进行补接。

二、剪砧、除萌、解除塑料条

剪砧：嫁接成活后，可先将接芽上部砧木苗折伤，用砧木苗叶片为接芽提供养分，10～15d 等接芽展叶时再将接芽上部砧木剪除。秋季芽接的，在翌年春季树液流动后、接芽萌发前在接芽上方 0.5～1cm 处从接芽对侧由下而上稍倾斜一次性剪砧。

除萌：剪砧后 7～10d 进行第一次除萌，只保留已萌发的接芽，抹去其余萌芽，10～15d 后进行第二次除萌，直到砧木芽不萌发为止。

解除塑料条：“T”形芽接嫁接成活的在嫁接后 20～30d 可解除塑料条；带木质部芽接的解除包扎塑料条时间长，一般在嫁接后 1 个月以后解除塑料条；秋季嫁接的，可到翌年春天萌芽前解除塑

料条。

三、肥水管理

嫁接后根据土壤墒情加强肥水管理，原则上嫁接后2周内不浇水施肥，严重干旱时可适当灌水。当新梢长到10cm以上时及时追肥浇水，连续追肥2~3次，每次用尿素25~30kg/亩，追肥后灌水并进行中耕锄草，防止水分蒸发过快和杂草为害。7月以后每隔2周喷施一次磷酸二氢钾500~600倍液，促进枝条木质化，防止苗木徒长，提高越冬能力。

四、病虫害防治

及时防治卷叶蛾、蚜虫、螨类、潜叶蛾、金龟子、白粉病等苗木病虫害，根据病虫发生情况及时进行喷药防治。在多雨年份，7—9月每隔15d交替喷内吸性和保护性杀菌剂，保护好叶片，并根据虫害发生情况混入合适的杀虫剂。

第四章 建园与栽植技术

第一节 园地选择

一、气候条件

1. 温度

桃属喜温性的温带果树，适宜栽培区在北纬25°~45°，南方品种群要求年平均气温12~17℃，北方品种群要求8~14℃。

桃冬季通过休眠阶段需要一定时期的相对低温，不同品种需冷量有差异。低温时数不足，桃树不能顺利通过休眠，常导致萌芽开花推迟、不整齐，严重的出现花芽枯死脱落的现象。

桃树花期要求气温在10℃以上，授粉坐果率比较高。春季晚霜对桃树的开花和坐果危害甚大，花期气温降至2℃以下时，花和幼果就容易产生冻害。由于严冬已过，桃树解除休眠，各器官抵御寒害的能力锐减，特别当异常升温3~5d后遇到强寒流袭击时，更易受害。桃树花器官和幼果抗寒性较差，花期和幼果期发生晚霜冻害，常常造成重大经济损失。花期霜冻，有时尚能有一部分晚花受冻较轻或躲过冻害坐果，依然可以保持一定经济产量，而幼果期霜冻则往往造成绝产。桃树花器官的晚霜冻害，往往伴随着授粉昆虫活动的降低和终止，从而降低坐果率。霜冻危害的程度，取决于低温强度、持续时间及温度回升的快慢等气象因素，温度下降速度快、幅度大，低温持续时间长，则冻害重。

2. 光照

桃树属于喜光性强的树种，生长发育和结果要求年日照时数1 200~1 800h。光照充足，树势健壮，枝条发育充实，花芽饱满；光照不足，内膛枝条易枯死，导致结果部位外移。

3. 水分

桃树耐旱性强，不耐涝，一般要求年降水量在800mm以下为宜，若夏秋季持续降雨，时间长，降水量大，造成果园大面积出现涝灾，桃树会因土壤通气不良出现不同程度的叶片黄化、落叶、死枝、烂根、死树等现象。因此，降水量大、地下水位高的地区桃树建园时必须起垄栽植。

二、环境条件

桃树建园要选择在生态环境良好、远离污染源、交通便利的区域，土壤、空气、灌溉水质量符合安全食品（无公害农产品、绿色食品、有机农产品）水果产地环境条件行业标准。建园前要对产地空气质量环境、灌溉水质量、土壤质量进行监测，符合标准的才能建园。

1. 大气监测标准

大气监测可参照国家制定的《环境空气质量标准》（GB 3095—2012）一级标准来执行。

2. 灌溉水标准

果园灌溉水要求清洁无毒，并符合国家《农田灌溉水质量标准》（GB 5084—2021）。

3. 土壤标准

土壤污染程度的划分主要依据测定的数据计算污染综合指数的大小来定，达到1（污染综合指数≤0.7；安全级，土壤无污染）~2级（0.7~1；警戒级，土壤尚清洁）的土壤才能作为生产无公害桃生产基地。

三、地理条件

1. 地势

桃园可选择在不易积水、地势平坦、土层深厚的平原地，也可在坡度为5°~15°的低缓坡地的西、南坡，也可以在丘陵山地建园。这些地方光照充足、气温回升快，物候期早，土壤温度、湿度变化大，果品质量好。特别是丘陵、山地，相对海拔较高，土壤、空气和水质未被污染，符合生产绿色果品的环境条件要求，所产果实品质明显高于平地、洼地。河两岸、洼地日照时间少，易聚集冷空气而且风大，冬季温度骤降时易发生冻害，春季易发生晚霜冻害，造成桃树减产减收，应避免在河两岸、洼地建园。

2. 土壤

桃园一般要求选择 pH 值 5.5~7.5 不积水的沙壤土或壤土；pH 值低于 5 或大于 8，影响桃树生长发育和结果。

桃树在各种质地结构的土壤上均可生长，土壤通透性好坏是关键，应选择土壤疏松、排水通畅的沙壤土。桃树耐旱、忌涝，根系好氧，在地下水位高、降水量大的地区，建园时要设计好排水管道，及时排除土壤中多余的水分，防止涝害和土壤长期过湿。在生产中可采用起垄栽培，使根际土壤保持较好的通透性。对黏重土壤要进行改良，通过掺沙子、增施有机肥、压绿肥、压有机物料等措施改良土壤，提高土壤透气性。

桃树怕重茬，在重茬地上可造成生长发育不良或死亡。在重茬桃、苹果、樱桃、梨园地新建桃园，必须进行土壤改良。

第二节　园地规划

建园前要对基地进行合理的规划设计，以保证土地资源利用率达到最佳。规划应遵循布局合理、附属设施齐全、品种搭配科学、最大限度提高劳动效率、降低成本、增加效益的原则。规划内容包

括小区设置、道路规划、排灌设施、辅助设施、防护林、防雹网和栽植规划等。

一、小区设置

1. 小区的划分

为便于田间作业管理，对面积达到一定规模的桃园可划分成若干个小区。小区划分应遵循以下原则：①同一小区内土壤、光照、气候条件基本一致；②最大限度提高土地利用率；③便于排灌系统配套；④田间作业方便，有利于机械化作业和运输；⑤便于防止土壤侵蚀和自然灾害预防。

2. 面积

平地果园以30~50亩为宜，丘陵地以10~20亩为宜，山地果园以5~10亩为宜。小区面积占园区面积的85%左右。

3. 小区的形状

为方便机械化作业、灌溉、运输、防止水土流失，小区形状应以长方形为宜。平原小区边长最好与主风害的方向垂直，丘陵或山地小区边长应与等高线平行。

二、道路规划

桃园道路应根据园区实际情况进行规划设计，在苗木栽植前应设计完成。

面积较大的桃园（100亩以上）可根据小区设计主路、支路、田间生产路等。主路贯穿全园，是园区果品、物资运输的主要道路，宽6~7m，硬化路面，可以通行大型货车；支路与主路垂直相通，宽3~4m，能通过拖拉机、小型汽车；田间生产路是小区内的作业道，与支路垂直相接，宽1.5~2m，主要供人作业通过，能通行三轮车、小四轮或手扶拖拉机。

面积较小的桃园，也可不设主路和田间生产路，只设支路。

三、排灌设施

排灌设施是现代桃园建设的重点内容，传统大水漫灌、沟灌、树盘灌水逐步被滴灌、喷灌等水肥一体化技术所替代。水肥一体化技术就是通过灌溉系统施肥，果树在吸收水分的同时吸收养分。水肥一体化是在压力作用下，将可溶性固体或液体肥料，按土壤养分含量和桃树需肥规律及特点进行肥水配对，通过管道系统和滴头均匀、定时、定量浸润桃树根系，实现平衡施肥和集中施肥，减少肥料挥发和流失。水肥一体化技术具有施肥简便、供肥及时、易于吸收、提高肥料利用率等优点，在桃产量相近或相同的情况下，与传统技术施肥相比节水50%～60%，节省化肥30%～40%，节省用工4～6个。

桃园水肥一体化一次性投资较大，高标准建设的滴灌系统造价在1 500元/亩左右，寿命为10年。使用中会出现过滤装置、管道损坏、滴头和渗孔堵塞等情况，需及时维护。

1. 水肥一体化灌溉施肥系统的构成

一套完整的灌溉施肥系统，主要由水源工程、首部控制枢纽、施肥装置、输配水管道、滴水器等几个部分组成。

（1）水源工程。指用于节水灌溉的水源，可以来自河流、水库、机井、池塘等，水质要符合滴灌（微灌）要求。

（2）首部控制枢纽。由电机、水泵、过滤器、控制和测量设备（压力调节阀、分流阀、水表）等组成。其中，过滤器是灌溉施肥系统中的关键设备之一，其作用是把灌溉水中的固体颗粒、有机物质、微生物及化学沉淀物等各种污物和杂质清除掉，以防止滴头阻塞而影响灌水施肥效果。生产中常用的过滤器有筛网过滤器、沙砾石过滤器、离心式过滤器等。

（3）施肥装置。向灌溉系统注入可溶性肥料溶液的装置称为施肥装置。常用的有文丘里注入器，水力、电力、内燃机等驱动的注入泵、压差式施肥罐等。

（4）输配水管道。由干管、支管、毛管等组成。管道应根据果园地势、规模、耐压性、使用年限、资金投入等方面综合考虑选择管材。

（5）滴水器。滴水器可分收缩式滴头、长流道管式滴头、涡流式滴头、发丝管、压力补偿式滴头、孔口滴头、膜片式多孔毛管和双壁管（或称滴管带）等，一般可使用流量为4~8L/h的单出口滴头或流量为2~8L/h的多出口滴头。

滴灌的类型有压力补偿式（用于山地、丘陵等地势高低不平地块）和非压力补偿式（用于平地）两种，根据土壤类型选择相应的滴灌管，土壤疏松桃园采用双带，否则采用单带，滴灌管悬挂高度在20~30cm为宜。

2. 排水系统

（1）平地桃园排水系统。由桃树园内的排水沟、支渠、干渠组成，挖好沟渠后，可在地下埋设管道，优点是不占地面位置，方便作业。土壤透气性良好的平地果园，排水渠道可与灌溉渠道结合起来，将两者合二为一，涝时能排，旱时能灌溉。低洼地、黏土地桃园，应单设排水渠道，常采用深沟排水的方法，以降低地下水位。

（2）山地、丘陵、梯田桃园排水系统。在桃园最上方外围，修筑一道等高山坡截流沟，埋设管道，使坡面径流入管道泄走。在梯田堰下挖排水浅沟，在地下埋设管道，连接山坡截流沟管道，让洪水泄入山坡截流沟管道内。

四、辅助设施

包括办公室、机房、仓库和分级包装场，应规划在交通方便、下风口的空阔地，占整个园区面积的2%左右。桃园辅助设施建设前应到当地自然资源部门进行报备与审批，根据国家有关规定来建设，以免造成不必要的损失。

五、防护林

1. 防护林的作用

防风、固沙、减少风害，防止水土流失；改善桃园的生态环境，调节温湿度，减轻旱害、寒害、风害等自然灾害。

2. 防护林树种选择

生长迅速、防风效果好，枝繁叶茂，树体高大；适应性、抗逆性强，与桃树无共同病虫害，且不是桃树病害的寄主，具有一定的经济价值。

防护林在建园前一年进行规划，建在桃园的迎风面，要求与主风向垂直，乔木和灌木搭配合理，树墙高度 4.0m 以上。

六、防雹网

在桃树上方和周边架设防雹网（聚乙烯网）起到防雹、防风、防鸟、防“倒春寒”、防虫、防紫外线的作用。防雹网选择应考虑网孔大小和使用寿命，优先使用抗老化、抗紫外线，使用寿命长的聚乙烯白色网。可选用目孔 1mm×1mm 至 10mm×10mm、遮光率小于 10%的防雹网，以免影响桃树正常生长。防雹网由安装立柱、架设网面和铺设网幕三部分构成，立柱设计可根据桃园小区划分独立搭建防雹网。在果实采收后，收起防雹网，防止田间暴露老化过快或大雪压坏网架。

七、栽植规划

现代桃园要实现早果、丰产、高产、稳产的建园目标，要进行合理的规划设计，确定合理的栽植密度。高效集约密植栽培是现代桃园发展的方向，但密植栽培要合理化，不能无限度密植（图 4-1）。

1. 桃栽植密度依据

（1）品种树势。桃树的生长特性决定了栽植密度，树势强旺

图 4-1　桃现代栽培模式

的品种应当降低栽植密度，树势中庸、偏弱或矮化砧品种可适当提高栽植密度。

（2）土壤条件。土层深厚、肥力高的土壤，桃树长势旺，密度可小些；土层瘠薄、肥力差，桃树生长弱，密度可大些。

（3）管理技术。管理技术水平高，密度可大些；管理技术水平，低密度可小些。

2. 栽植密度

（1）宽行密植栽培。宽行密植栽培是桃树发展趋势，露地栽培株行距可采用（1.5~2）m×（4~5）m，温室栽培株行距一般可采用（1~2）m×（2~3）m。

（2）普通栽培。采用乔化砧木的桃园株行距宜为（3~4）m×（4~5）m。

另外，树形也是桃树栽植密度的决定因素之一，例如，“Y”形和主干形整形的桃园，可减小株距；开心形整形的桃园，要适当加大株距。

3. 栽植方式

在平地、沙地和田面较宽的梯田上，可采用矩形或正方形栽植；田面较窄的丘陵、梯田上，栽 2 行不足 1 行有余时，可采用等距离三角形栽植；在只能栽 1 行的丘陵梯田上，应栽在梯田外延 1/3 处等高栽植。

第三节　栽植技术

一、栽植前准备

1. 土壤处理

（1）土地整理。平原地整地主要是对园内高低不平的地段进行平整；山丘地整地主要是整修梯田和深翻改土，尽量将小地块合成大地块，原则上20°以下的梯田改为缓坡。

（2）挖定植沟。根据预设计的行距挖深0.8m、宽1.0m的栽植沟，尽量采用南北行，表土、心土分别放置在沟的两侧。

（3）施肥回填。①底部。填充20~30cm的作物秸秆、杂草。②中部。将充分发酵腐熟的堆肥或圈肥5t/亩+中微量元素20kg/亩的用量与表土充分拌匀后施入。③上部。继续回填表土，定植沟高出平地10cm。再将剩余的心土撒在定植沟上，为起垄做准备。

（4）起垄。用机械将定植沟起垄，垄上栽树，垄下宽1.5m、上宽1.2m，高30~40cm，浇大水沉实，并能促进有机肥分解。

2. 水肥一体化配套

（1）供水水源。水源主要来自井水或河水，按照200亩园区不少于300m^3的标准配套建设蓄水池。

（2）泵房首部、田间首部、主管道安装。水肥一体化设施的泵房首部、田间首部、过滤施肥系统及主管道要在桃树栽植前规划并建设完成，确保苗木栽植后能使用，提高苗木成活率。建议采用滴灌，栽植行两边各一根滴灌管，距树干20cm。

3. 苗木准备

（1）苗木质量要求。砧木、品种纯正，嫁接部位愈合良好；苗木健壮直立，芽眼饱满、无损伤，根系完整、须根发达、断根少，未受冻害、未失水；无机械损伤和检疫对象。

（2）品种选择。根据当地气候特点，对桃各个品种的类型、

成熟期、品质、耐贮运性、抗逆性等进行详细了解，确定品种栽植方案；同时要考虑市场、消费和社会经济等综合因素。应注意早、中、晚熟品种及鲜食与加工品种的比例配置，以利于分批采收、分批运输和加工。

（3）授粉树配置。桃树大部分品种自花结实，但也有些品种（如仓方早生、六月白等）自花不育甚至没有花粉，在栽植时须配置授粉树。

授粉树应选择与主栽品种花期一致或稍提前、花粉量大、授粉亲和力强、果实成熟期基本一致、果实品质好、经济效益高、树体寿命长的品种。

（4）苗木处理。①分拣。将苗木按品种、大小进行分拣，以备栽植。②浸泡根系。栽植前将苗木根系放入清水中浸泡 12~24h，让根系吸足水分。③修剪根系。栽前应对根系进行适当修剪，剪除桃苗挖取过程中劈裂伤根和枯死根，可有效促进栽后根系生长。④苗木消毒。用 50~100mg/kg 生根粉+50%多菌灵 100 倍液浸根 2~4h，促进新根产生，预防根部病害的发生，提高成活率。

二、苗木栽植

1. 桃苗栽植时间

主要有春栽和秋栽。

（1）春季栽植。春季栽植应在土壤解冻后至苗木发芽前这段时间尽早进行。冬季寒冷、干旱和多风的北方地区多在春季栽植桃苗。在北方地区春季栽植的桃苗虽然苗木栽植后发芽晚，但避免了冬季的各种冻害，苗木成活率较高。

（2）秋季栽植。秋季栽植桃苗通常在秋天落叶后至土壤封冻前进行。在温暖湿润的南方地区及有灌溉条件的北方地区可选择秋季栽植。

秋季栽植的桃苗伤根愈合较好，小苗发芽较早、生长快，但要做好埋土防寒、浇水、树体涂白等工作，确保幼树安全越冬。

2. 栽植方式

在平地、沙地和田面较宽的梯田上，可采用矩形栽植，行距大于株距；山地、丘陵可采用梯田栽植。宽面梯田根据梯田宽度可栽多行，采用矩形或三角形方式栽植。窄面梯田可栽 1 行，应在梯田外延 1/3 处等高栽植。

3. 栽植方法

桃苗栽植前先将垄面浇透水，待水渗下后能够作业时才可以开始定植。

（1）定点挖穴。按设计好的株行距，在垄上确定出合适的定植点位及主栽品种、授粉树的具体位置。

（2）挖定植穴。在垄上以确定的点为中心挖长宽各为 40cm 的栽植穴，能够使苗木根系舒展放入。

（3）苗木栽植。栽植深度与原苗圃中一致。栽植时，将消过毒并沾有泥浆的苗木放入穴内，让根系均匀舒展，用手扶住苗木使之直立在栽植穴的正中间，埋上至根颈部位，用手向上轻提苗木，然后用脚踏实，上面覆土把穴填满。

4. 栽后管理

（1）定干。根据树形不同确定不同的定干高度，剪口下 20~30cm 整形带内有 5~10 个饱满芽。定干后在伤口处涂油漆或石蜡，以防抽干。

（2）套塑料筒膜。苗木定干后，用 5cm 宽塑料筒膜套住苗木树干，起到保湿效果，防止苗木抽干，也可防止金龟子吞食幼芽，提高成活率。等苗木发芽后，先将袋上口剪一斜角通风，在阴天、清晨或傍晚去除筒膜。

（3）肥水管理。苗木栽植后立即浇一次透水，亩浇水量 8~10m^3，并及时将歪苗扶正。苗木成活展叶后，干旱时要浇水；6 月下旬至 7 月上旬追施氮肥，结合水肥一体化确保水肥供应充足。

（4）铺设地布。在垄上沿行向以幼苗为中线铺设 1.2m 宽、透气透水性好的园艺地布，园艺地布中间缝合起来，垄两侧用地钉固

定，或用土覆盖，起到保湿、促发新根、促进成活、早发芽及防草作用。

（5）补植苗木。发现死亡苗木，及时进行补植，确保园相整齐。

（6）病虫害防治。推行病虫害绿色防控技术。重点推行生物、物理等统防统治技术，利用农技农艺措施防控桃园病虫害。重点防治梨小食心虫、蚜虫、潜叶蛾和桃穿孔病等。

第五章　土肥水管理技术

第一节　桃园土壤管理

土壤是桃树赖以生存的基础，土壤管理是桃园一项常规性的重要管理工作。在桃树的整个生长发育过程中，每年都要消耗大量的营养物质，需要庞大的根系源源不断地从土壤中吸收养分和水分，这就需要桃树管理者加强土肥水的管理，做到合理施肥、深翻改土、提升地力、稳定水分，最大限度地为根系发育创造一个良好的生长环境，满足根系对营养、水分和氧气的要求，从而保证桃树的正常生长发育，提高产量，提升品质。

一、我国桃园土壤管理存在的问题

一是土壤有机质含量低，缓冲能力差，保肥保水能力不强。我国土壤的有机质含量平均为 0.7%左右，而国外很多桃园土壤有机质含量在 3%~5%。

二是施肥不均衡，偏施氮肥现象普遍，中微量元素缺乏，全营养平衡施肥技术认识不到位。

三是土壤菌群失衡，有害微生物增多，有益微生物减少，土传病害加重，如桃树的根瘤病、白绢病、紫纹羽病等根部病害连年发生。

四是土壤酸化、板结、次生盐渍化日益加重，严重影响了根系生长。

五是桃园土壤管理不规范，生产管理投入少，未形成规范的土

肥水管理体系，水肥一体化利用率低。

二、桃园土壤改良技术

常用的土壤改良技术包括丘陵山地桃园土壤改良、黏重桃园土壤改良、盐碱地桃园土壤改良等。

（一）丘陵山地桃园土壤改良

1. 修筑梯田，搞好水土保持

丘陵山地桃园土壤团粒结构较差，保蓄肥水能力弱，水土流失严重。为了保持水土，在冬春季节应进行梯田修筑，秋季选择适宜草种，进行果园生草，增施有机肥，提高土壤有机质含量。同时，在雨季来临之前要加固梯田，保持梯田牢固和排水通畅。

2. 深翻熟化丘陵山地桃园土壤

丘陵山地桃园土层较薄，沙砾较多，营养不足，有机质缺乏，桃树根系向深层土壤生长困难，极易形成小老树。深翻后，可以显著改善土壤结构，增加活土层，促进根系下扎，增强树体抗旱能力。

深翻时期以秋季深翻为主，一般在桃果实采收后至落叶休眠前，结合秋施基肥进行。此时正值桃树根系生长高峰期，深翻可切断一些根系，有利于促进伤口愈合和促发新根，从而促进养分吸收，提高光合强度，增加树体营养积累，充实花芽，为翌年发芽、开花和坐果奠定足够的物质基础。桃树根系相对较浅，吸收根主要分布在10~40cm土层中，为诱导桃树根系向土壤深层生长，增加吸收面积，桃树的深翻深度为50~60cm即可。深翻时一定要注意保护根系，粗度在1cm以上的大根最好不要切断。

（二）黏重桃园土壤改良

桃园土壤过于黏重时，均不利于桃树生长，生产上常用的改良方法是压土。黏重土通气透水性差，则以压沙土为宜，并增施有机肥，以提高土壤通透性。黏重桃园土壤改良一般要在建园前做好改良，压土深度30~50cm，并做好深翻混匀。如果是已经栽植的桃园，切记不可压土过深，一般5~10cm即可，如果压土过深，影响土壤通透性，会造成桃树根系生长不良，甚至死树。

（三）盐碱地桃园土壤改良

沿海地区土壤往往存在不同程度的盐碱，会造成桃树新梢黄化、死亡，树体生长发育不良，必须对其进行改造。改良方法有：①挖定植沟时，沟内铺20~30cm厚的作物秸秆，形成隔离缓冲带，既防止盐分上升，又防止养分流失。②大量增施有机肥，降低土壤pH值。③勤中耕，切断毛细管，减少土壤水分蒸发，从而减少盐分在表土的积累。④采取种植绿肥的方法或进行地面覆盖，以改良土壤。⑤使用含硫的酸性肥料，中和土壤，减少盐碱危害。

三、桃园土壤管理方法

1. 清耕法

清耕法是我国北方桃园传统的土壤耕作方法，即在整个生长季节不断地把杂草除掉，保持果园疏松无杂草。此种方法利于疏通土壤，防止板结，减少杂草对土壤水分和养分的竞争。但是费工费力，破坏了土壤物理结构，土壤养分流失损耗大。

2. 生草法

即桃园不进行耕作，行间保持有草状态，并定期进行割除（不铲除），将草覆盖于地面，但在树盘内不可滋生杂草的土壤管理方法。生草方式有两种：人工生草、自然生草。人工生草是在行间播种禾本科或豆科草种，进行生草；自然生草则是通过对桃园自然发生的有害杂草进行铲除，保留无害杂草。人工生草又分为全园生草、行间生草和株间生草，适合桃园种植的草本植物有毛叶苕子、鼠毛草等。生草的最初几年，要适当撒施氮肥，增加生物产量（图5-1）。

图 5-1　果园生草

3. 覆盖法

指用非生命的物质铺设在桃园树盘或起垄带土壤表层的一种土壤管理方法。根据覆盖物的不同，可分为无机物质覆盖和有机物质覆盖两种。无机物质覆盖通常使用地膜和园艺地布覆盖，有机物质覆盖通常使用秸秆、杂草、木屑等物质覆盖。其主要目的是保持土壤水分、冬季防寒、夏季降低地表温度、控制杂草等。果园覆盖一般在干旱少雨区域使用。

4. 间作法

间作法指桃树在幼树期间，为了充分利用土地和太阳光能，提高土壤肥力，增加前期收益，在行间合理间作经济作物的管理方式。间作作物应选择生长期短，消耗肥水较少，病虫害发生差，并且需肥水期与桃树需水肥期错开的作物。一般以矮秆豆科作物为好，如花生、绿豆等，也可以间作低矮的中草药，不宜间作小麦、瓜类、玉米等影响桃树生长的作物。桃园间作以不影响树体生长为原则，时间最多不能超过 3 年，并且要留足树盘，面积不得少于 $1.5m^2$，间作作物还要轮作换茬。

第二节　桃树需肥特性

桃树生长量大，生长势强，枝叶繁茂，果个大，产量高，对营养需求高，缺乏时反应敏感。若营养不足，会导致树势衰弱，产量

下降，品质降低。

一、桃树的需肥时期

在桃树年生长周期中，桃树营养需求可以分为4个时期，即利用贮藏养分期、贮藏养分和当年养分交替期、利用当年营养期、营养转化积累贮藏期。

1. 利用贮藏养分期

此期发生在早春。萌芽、枝叶生长、开花坐果与根系生长对养分竞争激烈。

此期应采取疏花疏果、抹芽等措施，尽量减少无效营养消耗，把尽可能多的养分节约下来，用于发芽、开花和坐果，为以后的树体生长和果实发育打下坚实的基础。土壤管理上，应注意疏松土壤，提高地温，促进根系活动，加强树体对养分的吸收。贮藏营养不足、树势较弱的桃树从萌芽前就要进行根外追肥，以缓和养分竞争，保证桃树正常生长发育。

2. 贮藏养分和当年养分交替期

此期是树体养分状况的临界期，若养分贮藏不足或分配不合理，就会出现“断粮”现象，影响桃树的生长发育、坐果和幼果的细胞分裂，引起生理落果。

此期应加强疏花疏果，及时抹芽，节约养分，减少营养的浪费，延长春季贮藏营养供应时间，谢花后尽快追肥或进行叶面喷肥，提高当年养分供应，缓解营养竞争矛盾。可见，加强秋季管理，提高树体营养贮藏水平，对翌年的发芽、开花、坐果以及幼果细胞分裂至关重要。

3. 利用当年营养期

此期是枝叶生长和果实发育的主要时期，此期造成养分失衡的主要原因是新梢持续旺长和坐果过多产生的营养竞争。

此期应调节枝类组成，合理负载，根据树势调整氮、磷、钾的施用比例，保证肥料均衡供应，稳定树势，切忌偏施氮肥，导致树

体旺长，造成新梢生长与幼果生长对营养的竞争矛盾。

4. 营养转化积累贮藏期

此期叶片中各种养分回流到枝干和根系的时期。桃树从坐果后开始积累贮藏营养，持续到落叶前结束。此期也是秋施基肥的有利时机，因为此时有较高的地温和较好的墒情，可促进肥料迅速分解，被桃树吸收而贮藏到体内，增加贮藏营养。

二、桃树的营养特性

1. 桃树树体具有贮藏营养的特性

桃树的花芽分化和开花结果是在两年内完成的。上年营养状况的高低不仅影响当年的果实产量和品质，而且对翌年的开花结果有直接影响。研究表明，桃树早春萌动的最初几周内，主要是利用树体内的贮藏营养。因此，上年桃树体内吸收积累的养分多少，对花芽的分化和翌年的开花影响很大，进而影响桃树的坐果和幼果细胞分裂。

2. 桃树的根系具有浅根特性

桃树的根系较浅，吸收根主要分布在10~40cm的范围内，但根系较发达，侧根和须根较多，吸收养分的能力很强。生产中为防止根系上浮，影响桃树的固地性和抗旱能力，在桃树施肥中应注意适当深施。桃树的根系要求较好的土壤通气条件，土壤的通气孔隙量在10%~15%较好。为保证根系有较好的呼吸条件，在施肥中注意多施有机肥，以增加土壤的团粒结构，提高土壤的空气含量。

3. 桃树营养需求差异的特性

桃树的幼树生长较旺，吸收能力也较强，对氮素的需求不是太多，若施用氮肥较多，易引起营养生长过旺，树体郁闭，花芽分化困难，进入结果期晚，易造成生理落果。进入盛果期后，根系的吸收能力有所降低，而树体对养分的需求量增多，此时如供氮不足，易引起树势衰弱，抗性差、产量低，结果寿命缩短。因此，在营养的需求上，幼树以磷肥为主，配合适量的氮肥和钾肥。进入盛果期后，施肥的重点是使桃树的枝梢生长和开花结果相互协调平衡，在施肥方面以氮肥和钾肥为主，增施有机肥，配施一定数量的磷肥和中微量元素。

4. 营养元素具有拮抗性

桃树需氮量较高，并反应敏感，供应充足的氮素是保证丰产的基础，但是氮肥施用过量易引起树体生长过旺，果实品质下降。桃树对磷、钙的吸收量也比较高，特别是要注意钙的供应，尤其在易缺钙的酸性土及沙土中栽培桃树，必须注意补充钙肥。

各种营养元素的生理作用，相互间不能替代，相互影响。有些元素之间有拮抗作用，如“氮”过多抑制“钾、铁、硼、锌、镁、钙”的吸收。又如钾与镁，磷与铁、铜之间也有类似拮抗作用。因此，在桃树出现某些缺素症时，可能不是该元素缺乏，而是另外的元素过多所致。因此，树体一旦出现缺素，不仅要观察其症状，而且还应分析发病的内在原因，以求采取有针对性的措施。在生产实践中，只有密切注意元素间比例的协调，才能达到施肥的预期效果。

第三节　桃树施肥技术

一、桃树施肥时期和方法

桃树施肥包括基肥和追肥（包含根外追肥）两大类。

1. 基肥

（1）基肥施用时期。施基肥宜早不宜晚，以秋施（特别是早秋9—10月施入）效果最好。主要原因有3个方面：一是此时地温较高，根系处于第二次生长高峰，吸收能力强，伤根容易愈合，切断的小根可以促发新根，增强了根系的吸收能力。二是有利于有机肥料的转化，可以提高树体的营养贮藏和花芽质量，保证桃树安全越冬，并为翌年桃树发芽、开花、坐果和新梢生长打下营养基础。

三是可以减缓翌年新梢的生长势，避免新梢生长和果实发育之间对营养需求的矛盾，减少生理落果。

（2）基肥施用方法。桃树根系较浅，吸收根主要分布在10~40cm的土壤范围内，施肥深度宜在20~30cm。主要施肥方法有：一是条状施肥，在树冠外围两侧沿行向挖宽30~40cm、深20~30cm的条状沟进行施肥。幼树期可采取当年东西侧、翌年南北侧的方式，也可结合秋季深翻进行，是盛果期前桃树的主要施肥方式。二是环状施肥，在树冠投影外围挖宽30~40cm、深20~30cm的环状沟，将肥料施入沟内，然后混匀覆土。挖沟时要避免伤大根，逐年外移。此法简单，但施肥面较小，适合幼树使用。三是放射沟施肥，以树干为中心，距主干50~80cm以外挖4~6条放射沟，里窄外宽，沟宽30~40cm；里浅外深，靠近主干端浅，深度20cm，外端深，深度30cm，形成斜坡状沟，长短以超出树冠垂直投影边缘为止，此法应逐年变换沟的位置。该施肥法肥料与根系接触面大，里外根都能吸收，是一种较好的施肥方法。四是穴状施肥，在树冠外缘周围均匀地挖成若干个深20~30cm、直径50~60cm的大穴，将基肥施入穴中，混匀埋好即可。五是全园撒施，即在桃树树冠已交接、根系已布满全园时，将肥料撒于地面，再翻入土中，深度10~20cm。缺点是施肥浅，常诱发根系上浮，降低根系抗逆性，应与其他施肥方式交替使用。

2. 追肥

（1）追肥时期。追肥是施用速效肥料来补充某个生长发育阶段对所需养分的需求。追肥的时期主要有花前、花后、硬核期、果实膨大期等几个重点时期。①花前肥。土壤解冻后到开花前施用。肥料种类主要以速效氮肥为主，适量配合磷、硼肥。作用是增强树势，促进发芽开花整齐，主要针对弱树或衰老期的树施用。②花后肥。在花期结束后施用。肥料种类以速效氮肥为主，配合施用磷、钾、硼肥。作用是提高坐果率，促进幼果生长。③硬核期肥。在果实硬核期施用。肥料种类以钾肥为主，配合施用氮、磷、钙肥。作

用是促进花芽分化，预防生理落果。早熟品种还可以提高果实品质。有裂核倾向的桃树，此期应重点补充好钙肥和硅肥。④果实膨大肥。在果实成熟前的迅速生长期施用。肥料种类以钾肥为主，配合施用氮、磷、钙肥，注意补充硅肥。作用是促进果实迅速膨大，提高果实品质。

（2）追肥方法。追肥主要采用穴施、浅沟施和撒施3种方法。穴施和浅沟施深度一般为10~20cm，撒施时将速效肥直接撒在树冠范围内，然后翻土或灌水。易挥发的肥料（如碳酸氢铵）不能采用撒施的方法。

（3）根外追肥。根外追肥是一种辅助土壤施肥的方法，主要指叶面喷肥和树干涂肥。根外追肥见效快、节省肥料、提高肥料利用率特点明显，具有促进桃树新梢正常生长、矫正营养缺素症、促进花芽分化、提高坐果率、改善果实品质、提高产量的作用，对土壤瘠薄的山地或不便施肥的丘陵地尤为适用。叶面喷肥的时间可以根据树体的需要、土壤和树势等情况，从萌芽开花至落叶前均可进行。叶面喷肥也可以结合树体喷药同时进行，但不能和波尔多液、石硫合剂等碱性农药混合施用。叶面喷肥最好选在阴天、无风或微风的晴天10时以前或16时以后进行，并且最好保持喷后12h不下雨；树干涂肥需要涂抹有渗透作用，且可以透过树皮吸收的液体肥料。树干涂肥的时期一般在桃树萌芽前至7月底前均可进行，每10~15d涂抹1次。

二、桃树需肥种类和数量

（一）桃树需肥种类

土壤的肥力就是土壤供给和协调植物生长水、肥、气、热的能力。水（H_2O）、肥（大、中、微肥）、气（碳、氢、氧）、热（地热和阳光）是植物生长的四大条件。

植物学家通过对各类植物进行检测，至今为止，发现在植物体

内最多含有 71 种元素，但除了 17 种必需营养元素之外，其他元素如有益元素钴、硒、钠、镍等并非植物生长所必需。“必需”的意思有三重含意，即唯一性、缺一不可性和不可代替性。对于桃树的生长，17 种必需营养元素缺一不可，缺少了哪一种元素则会出现相应的病症，而且这一种元素无法代替另一种元素的作用。首先是常量元素碳、氢、氧，桃树依靠自身的光合作用、呼吸作用和雨雪的供给就可以得到补充，而且这三种元素要占到果树整体比重的 90%以上，所以桃园的管理主要是体现四个字：通风透光。其次，余下含量不足 10%的元素就须由人工补充。根据果树利用率的不同，人们分为大量元素：氮、磷、钾；中量元素：硅、钙、镁、硫；微量元素：铁、硼、铜、锰、钼、氯、锌。“氮”是生命元素，“磷”是能量元素，“钾”是品质元素，“硅”是传导元素，“钙”是表光元素，“镁”是光合元素，“硫”是风味元素；缺“铁”出现黄叶病，缺“锌”出现小叶病，缺“钼”出现花叶病，缺“铜”出现顶枯病，缺“硼”缺“锌”影响坐果，“锰”多中毒产生粗皮病。桃树是忌“氯”作物，施用复合肥时尽量选择硫酸钾型复合肥。

1. 有机肥料

有机肥是指含有较多有机质的肥料，主要包括厩肥、粪尿肥、堆沤肥、土杂肥、饼肥、绿肥等。有机肥料所含养分全面，它除含桃树生长发育所必需的大量元素和中微量元素外，还含有丰富的有机质，是一种完全肥料。有机肥养分含量较低，施用量大，肥效缓慢而持久，是一种迟效性肥料。有机肥料含有大量的有机质和腐殖质，对改良土壤、培肥地力有重要作用，除直接提供给土壤大量养分外，还有以下作用：一是活化土壤养分；二是改善土壤理化性质；三是促进土壤微生物活动；四是增加土壤通透性；五是提高地温。

2. 化学肥料

化学肥料又称无机肥料，根据肥料中养分种类与形态，可分为氮肥、磷肥、钾肥、中微量元素肥料和复混肥料等。化肥具有养分含量高、肥效快、易被根系吸收等特点，但易挥发、流失、洗淋、固定，其营养单纯、利用率低、易污染环境。化学肥料适合作追肥或叶面喷肥，肥效显著。长期单纯施用化肥，会破坏土壤结构，导致土壤酸化，造成土壤板结。原则上化学肥料要与有机肥料或微生物肥料配合使用。

3. 微生物肥料

微生物肥料是含有特定微生物活体的制品，应用于农业生产，通过其中所含微生物的生命活动，增加植物养分的供应量或促进植物生长，提高产量，改善农产品品质及农业生态环境。微生物肥料包括微生物接种剂、复合微生物肥料和生物有机肥。每一类微生物肥料都有一种对应的国家标准/行业标准。

（二）桃树施肥量的确定

1. 桃树施肥依据

生产管理中，桃园的施肥依据主要包括土壤诊断、叶分析、树相分析 3 个方面。

（1）土壤诊断。这是一种常规方法，即在某一地块按规定方法取样后，对样品进行规定项目的测定，并对测定结果进行分析整理，最终确定该地块的农化性状，从而了解特定地块土壤肥力状况，进而通过目标产量确定施肥量及肥料的分配。该方法的可信度主要取决于采集的样品是否具有代表性，一般使用土壤取样器采用对角线法取样。

（2）叶分析。通过对桃树叶片营养状况分析诊断，根据诊断结果提出肥料的施用量及肥料的分配方案，从而解决树体营养不平衡的问题。影响叶分析的主要因素有桃树的生长势、结果量、修剪量、根系健康程度及土壤管理制度。

（3）树相分析。该方法简单方便、应用广泛。即通过对树体长势、叶、花、枝条、果实的表观特征，判断树体营养状况。但

是，该方法过于依赖个人的经验和判断力。

2. 桃树施肥量确定

桃树的施肥应根据品种、树龄、树势、产量、土壤肥力、肥料性质、气候条件等因素综合分析，然后确定。

（1）根据品种施肥。树姿开张的品种，生长弱，结果早，应适当多施肥；树姿直立的品种，生长旺，适当减少施肥量，特别要控制氮肥；坐果率高、丰产性强的品种，应多施肥；相反则可少施肥。

（2）根据树龄施肥。幼树生长旺，施用氮肥过多，易引起新梢徒长，不利于成花结果，故应少施氮肥，增施磷钾肥和有机肥，以利于充实枝条和促进花芽形成，提早结果和防止抽条。成年树结果量大，需肥量多，应增加施肥量，要注重中微量元素的补充，以保证生长和结果的平衡。

（3）根据树势施肥。衰老树叶小色淡，主枝延长枝生长量小，应适当增加施肥量，促进新梢生长，更新复壮。树势强弱是决定施肥的重要尺度。产量高和结果多的年份，在合理留果量的基础上，应多施肥。另外，土壤瘠薄的沙地、缓坡地，要增加有机肥的使用。特别是注重施用含海藻酸的生物有机肥，适量增加氮肥的使用量，促进根系生长和树体复壮。

（4）科学施肥。全年施肥量中，基肥用量占施肥总量的60%~70%，氮、磷、钾的施用比例大致为氮：磷：钾=1：0.4：1.4。鉴于桃树对钾肥需求量多的特性，施肥时应适度提高钾肥的施用量。科学的施肥量，要通过树体的年吸收量、土壤的天然供肥量（土壤原有的肥力）和施入肥料的利用率来确定。

计算公式：桃树合理的施肥量=（桃树年吸收量-天然供肥量）/肥料利用率

年吸收量指一定面积或一株树生长发育年周期中，所消耗土壤中各种营养的总量；天然供肥量指在不施肥的情况下，土壤里原来已有氮、磷、钾及中微量元素年吸收利用数量的多少；肥料利用率指肥料在施入的当年被吸收的比例。桃树对肥料的利用率，一般说，氮50%，磷25%，钾40%；氮的天然供给量约占吸收量的1/3，磷、钾各占1/2。例如，氮每亩吸收量为7.5kg，其施肥量为：桃每亩施肥量=（7.5−7.5×1/3）/50%=10kg。依此，可求出磷、钾肥施用量。

第四节　桃树灌水与排水

一、桃树灌水

桃树对水分较为敏感，表现为耐旱怕涝，但自萌芽到果实成熟仍需要供给充足的水分，才能满足桃树正常生长发育的需求。适宜的土壤水分有利于开花、坐果、萌发新梢、花芽分化、果实生长与品质提高。桃树在整个生长期，土壤含水量在60%~80%的范围内较适宜。试验结果表明，当土壤含水量降到10%~15%时，枝叶出现萎蔫现象。一年内不同时期对水分的要求不同，桃树需水的两个关键时期在花前和果实最后膨大期。如花前水分不足，则萌芽不正常，开花不齐，坐果率低。果实的最后膨大期如果土壤干旱，会影响果实细胞体积的增大，减少果实重量和体积。这两个时期应尽量满足桃树对水分的需求。若桃树生长期水分过多，土壤含水量高或积水，则因土壤中氧气不足，根系呼吸受阻而生长不良，严重时出现死树。因此，应根据不同品种、树龄、土壤质地、气候特点等来确定桃园灌溉、排水的时期和灌水量。

1. 桃树灌水时期

（1）萌芽前或花前灌水。结合萌芽前或花前追肥进行灌水，此次灌水量能渗下土壤10cm左右即可。春季灌水量要适量，次数宜少，以免降低地温。

（2）花后灌水。此次灌水也可以结合花后追肥进行，水量宜少。

（3）硬核期水。硬核期对水分敏感，缺水或水分过多都会引起落果或裂核，此次灌水要适量，不宜多。

（4）果实膨大水。中晚熟桃品种在第二次果实膨大期（采前15~20d），如果土壤干旱可适当轻灌，促进果实膨大。切忌灌水过多，否则易引起果实品质下降、裂果或裂核。

（5）封冻水。冬初10月下旬至11月上旬，土壤封冻前可灌一次越冬水，水量要足，以满足越冬休眠对水分的需要，幼树可防抽条。但秋雨过多、土壤过湿的年份就不一定进行冬灌。是否需要浇封冻水，主要根据土壤含水量的多少来确定。

除以上时期外，当桃园土壤含水量降低到田间持水量的50%或以下时，应及时进行灌水，以免影响树体生长和果实发育。

2. 桃树灌水方法

桃树灌水方法根据灌水方式不同，可分为地面灌溉、微喷灌、滴灌。

（1）地面灌溉。有畦灌和漫灌，即在地上修筑渠道和垄沟，将水引入桃园。其优点是灌水充足，保持时间长，但用水量大，渠、沟损耗多，往往因灌水过多影响土壤通透性和根系的生长。

（2）微喷灌。是将微喷管顺树干沿行间分布，灌水时在树冠下沿行向向外形成1~2m的微喷区。微喷灌技术具有经济、实惠、实用的优点，非常适宜于平地桃园灌溉。微喷灌比地面灌溉省水30%~50%，并且具有喷布均匀、减少土壤流失、调节桃园小气候、增加桃园空气湿度、避免干热风、降低低温和晚霜冻对桃树的伤害等优点。同时，节省土地和劳动力，便于操作。

（3）滴灌。是将灌溉用水在低压管系统中送达滴头，由滴头形成水滴后，滴入土壤而进行灌溉，用水量仅为地面灌溉的1/5~1/4，是微喷灌的1/2左右，而且不会破坏土壤结构，不妨碍根系的正常吸收，可以将水溶性肥料溶于水中，实现水肥一体化，并具有节省土地、节约劳动力、省肥省水、提高肥料利用率等优点，而且有利于提高果品产量和品质，是一项有发展前途的灌溉技术，特

别在我国缺水的北方，应用前景十分广阔。桃园进行滴灌时，滴灌的次数和灌水量依灌水时期和土壤水分状况而确定。每次灌溉时，应使滴头下一定范围内土壤水分达到田间最大持水量，而又无渗漏为最好。采收前灌水量，应使土壤湿度保持在田间最大持水量的60%左右为宜。

二、桃树排水

桃树抗涝性差，当土壤含水量高或积水时，土壤中氧气不足，根系呼吸受阻而生长不良，出现黄叶、萎蔫、死枝、落桃、产量降低甚至死树等现象，导致桃园不整齐，产量、效益降低。其原因在于桃树根系呼吸旺盛，耗氧量较多。据测定，当土壤中空气含氧量在10%~15%时，根系生长发育正常；当降到7%~10%时，根系生长不良；在7%以下时，根系变成褐色，很少发生新根，新梢生长也弱。一般认为，土壤中含氧量在15%以上时才有利于桃树的生长。因此，建桃园时应选择地下水位低、排水良好的地块。在雨季，桃园必须注意排水，防止桃园涝害。多雨地区，在建园前一定要挖好排水沟，进行起垄栽培，以防强降雨造成的涝害死树现象发生。

雨季做好排水防涝是栽培桃树的一项重要工作，桃树是一种不抗涝的果树，雨季淹水一昼夜便死亡。因此，雨季到来之前一定要将排水沟修好，做到排水及时。同时，不要使桃园草荒严重，过多过高的杂草会影响地面水的径流速度，对排水不利。常见的排水方式有3种，一是明沟排涝，即在园内行间开40~50cm宽的排水沟，将水排出。二是暗管排水，在园内地下80cm深铺设排水管道，将土壤中多余的水分由管道中排出。三是起垄栽培，如果土壤黏重、地下水位低、容易积水的桃园，在建园时采用起垄栽培，可避免积水，利于桃树生长。

第六章　花果管理技术

花果管理是桃树管理的核心内容之一。为了达到优质、稳产、高效的目的，必须对桃树进行花果精细管理，主要技术有疏花疏果、人工授粉、保花保果、果实套袋、果实膨大期管理、适时分批采收等。

第一节　疏花疏果技术

桃树花量大，几乎是需要量的 10 倍以上，仅保留 10%左右的果实就可以满足生产的需要。果实的生长要依靠树体营养积累，果实数量越多，个头越小。因此，疏去多余的花朵、幼果，会减少树体贮藏的营养、叶片合成的营养及根系吸收的各种矿质元素的消耗，促进果实膨大（图 6–1）。

图 6–1　桃花期

一、疏蕾时期

桃疏花疏果可以节约树体贮藏的养分，促进果实初期发育，所以疏的越早越好。花呈黄色时疏蕾效果最佳，过早容易漏疏，过晚浪费树体贮藏养分。

二、疏蕾方法及留蕾量

所有的长中短果枝的背上花蕾、叶芽一起疏去，还能防止发生背上枝。长、中果枝的枝条顶端和基部花芽发育不好，果实品质不高，也要疏去。最终达到长、中果枝在枝条的中部留 5~15 个芽位，短果枝及花束状果枝仅在顶部留 1~2 个芽位。即枝条中部和前部每隔 15cm 留 1 个发育好的花蕾，最终留量为坐果数的 3 倍左右。花粉少的品种应适当多留。

三、疏花

疏蕾后接着进行疏花，方法和疏蕾相同。对于疏蕾时漏疏的，要补疏。另外，对所留的每个芽位，仅留 1 个发育最好的花，其余的花全部疏去。

四、疏果

果实初期生长发育所需营养，主要来自树体的贮藏养分。坐果过多，每个果实分到的养分少，难以长出大果，且引起树势衰弱，营养不良，导致生理落果。疏果的质量好坏，对果实品质的影响很大，应观察树势和新梢及幼果生长情况进行。

1. 疏果时期

桃疏果一次性全疏易引起生理落果和裂果，所以要分阶段进行。第一次为“预备疏果期”，通常在盛花后 3 周左右进行；第二次为“完成疏果期”，在盛花后 7 周左右进行，硬核期前结束，随时除去畸形果和病虫害果，通常树势强的宜晚疏，树势弱的则早

疏；第三次为“修正疏果期”，在桃果实套袋时进行。

（1）预备疏果期。留果量为最终留果量的1.5~2倍。盛花后20d，受精果和未受精果容易区别。受精果果实肥大，萼片萎缩，从基部脱落；未受精果，萼片残留且肥大，要全部疏除。

（2）完成疏果期。完成疏果期的疏果要考虑到树体不同部位留果量的分配进行。疏除短圆形果，保留长圆形果，并生果去一留一，疏除小果、畸形果、病虫果。树冠上、中、下部进行调节，使所有的果大小基本一致。

完成疏果期，正常果和双胚果就能区别开来。通常核中有1个胚，双胚果有2个胚。正常果缝合线两边生长的比例为6∶4；双胚果为5∶5，且易生理落果，应尽早疏去。

（3）修正疏果期。在桃果实套袋前进行。主要疏去畸形果和病虫害果。

2. 疏果程度

完成疏果时最终的留果量，长果枝（30cm左右）在枝条中央附近留2个果，中果枝（20cm左右）在枝的中前端留1个果，短果枝（15cm）5个枝留1个果。这样，1个果有60~80片叶。上述标准要因品种、树龄、树势的不同而有所变化。

第二节 人工授粉技术

桃树品种繁多，为了提高桃果实的商品率，增加经济效益，对于花粉量少、自花坐果率低的品种，要进行人工授粉。

一、人工授粉的范围

栽培无花粉或花粉少的品种，花期遇阴雨、低温、大风等恶劣天气，缺乏访花昆虫，需要进行人工授粉。

二、花粉的采集

选择花粉多或与授粉品种花期相同或稍早的优良品种，采集即将开放的铃铛花，按每公顷1~2 kg花蕾准备。授粉前2~3d，摘取花蕾，用手揉搓或用小型粉碎机将已采集的花蕾粉碎，通过孔径2~3mm的筛网过滤，使花药脱离雄蕊，除去杂质。将花药铺置于室内阴干，室内要干燥、通风、无尘，温度控制在20~25℃，湿度65%~80%，切不可将花药在阳光下暴晒。24h后将阴干开裂的花药过细筛，除去杂质即可得到金黄色的花粉。将花粉装入棕色玻璃瓶中，放在0℃以下的冰箱内储存备用。

三、授粉时期

在桃树开花40%~50%和80%花盛开时分别进行两次授粉。授粉时选择晴朗无风的天气，桃树开花后1~2d内，露水干后，9—16时进行，授粉后3h内遇雨应重复授粉。

四、授粉方法

1. 人工点授法

用毛笔头或橡皮头制作点授授粉器，用点授器蘸取花粉，点授到新开花的柱头上，每蘸一次花粉可授粉3~4朵花。花粉要随用随取，不用时放回原处。一般需要授粉2次。

2. 滚授法

制作毛巾棒，将新毛巾裹上旧棉絮、饮料瓶等填充物，缝好边缘成圆柱形，长40~50cm，直径9cm左右，把竹竿插入毛巾棒中，并用细绳捆紧下口即可，也可以用鸡毛掸子。当果树开花达40%左右时，先在授粉树上滚动使毛巾棒蘸满花粉，然后到主栽品种花丛上轻轻滚动。花稀处慢滚两遍，花密处快滚一遍。一般蘸一棒花粉可授大树10株左右。此法简单易行，省工省事，适合给桃、杏、大樱桃等先开花后长叶的树种授粉。

3. 喷粉法

按每公顷 30mL 去除花药和花丝的纯花粉，加入 10 倍的滑石粉，用果树授粉机进行授粉，注意根据树体枝条位置调节喷粉量，确保授粉全面、均匀。

4. 人工撒粉法

将花粉与干净无杂质的滑石粉或细干淀粉按 1：(10~20) 的比例充分混合均匀装入纱布袋中，将纱布袋固定在长竹竿的顶端，然后在盛花期的树冠上抖动，使花粉飞落在柱头上，从而可提高坐果率。

第三节　保花保果技术

据调查，一棵桃树花量在 15 000~25 000 朵，最终收获的果实为 600~1 000个，收获率在 1.5%~4%，90%以上属于无用花果。桃树的落花落果一般有 3 个时期：一是开花后 1~2 周。因为雌蕊退化、花粉生活力低下，缺乏受精能力造成落花。二是开花后 3~4 周。果实受精不良，营养不足或桃树内源激素失调所致造成的落幼果。三是硬核期落果。光照不足，营养不良，核硬化前后造成的 6 月落果。在生长后期，有些晚熟品种如寒露蜜桃、中华寿桃等在成熟前出现萎缩脱落是采前落果，主要因为生长过旺，结果母枝直立粗壮，营养竞争激烈，夺走了果实生长所需的营养，干旱高温、连续阴雨也能引起采前落果。

为了提高桃的坐果率，除了人工授粉，还可以采取以下措施：一是调控树势提高坐果率，如不同的品种、花芽质量、树势强弱、病虫为害等是影响坐果率的因素，选用自花结实率高、花芽质量好、树势中庸、病虫易管控的品种可提高坐果率。二是利用技术措施提高坐果率。提高坐果率技术主要有以下几种方法。

一、合理配置授粉树

自花结实的优良桃品种，异花授粉可提高坐果率，而且花粉有直感现象，合理的组合不但提高坐果率，而且能提高果实品质。授粉品种与主栽品种配置比例为（1：4）~（1：3）比较合适。自花不实或无花粉的品种，必须配置授粉树，才能保证丰产、稳产、优质，一般配置2~3个品种，数量不得低于30%。授粉树不足的盛果期桃园，也可以进行适量高接花枝或者在花期全园挂花枝，提高坐果率。

二、昆虫授粉

桃花是虫媒花，桃园必须保证有足够的传粉昆虫，必要时可进行放蜂提高坐果率。有蜂源的地区，可在桃树开花期放蜜蜂，每4~5亩放一箱蜜蜂即可。蜜蜂在气温低于15℃以下时几乎不活动，在22~25℃时最活跃，有风时活动不好，在风速超过11.2m/s时停止活动。降雨也影响蜜蜂的活动。也可以释放壁蜂、熊峰进行辅助授粉。壁蜂每亩释放400头，熊蜂每亩100头。熊蜂体积是蜜蜂的2倍以上，周身密披绒毛，熊蜂身上的绒毛一次可以携带花粉数百万粒，授粉效率是蜜蜂的80倍（图6-2）。

图6-2　蜜蜂授粉

三、喷施植物激素、微肥

植物激素能促进细胞的分化，在花期喷施5 000倍的0.003%芸薹素，可提高坐果率1~2倍。花期喷施3 000倍硼砂或者硼酸，可提高坐果率25%左右。

四、花期预防晚霜冻害

近几年随着极端天气的增多，花期晚霜冻害已成为桃园不可忽视的问题。有的桃园由于晚霜冻害预防不到位，造成减产，甚至绝产。花期晚霜冻害预防措施主要有以下几种方法。

1. 果园浇水

果园浇水，降低土温，延迟萌芽开花，躲避霜冻。

2. 树体涂白

涂白的部位主要是主干，涂白可反射阳光，减缓树体温度提升，可推迟花芽萌动和开花。

涂白剂配方比例：石硫合剂原液0.5kg、食盐0.5kg、生石灰3kg、油脂适量、水10kg。使用涂白剂前，先刮除病斑、老翘皮，清除主干内的害虫再涂白。涂白剂要随配随用，不能久放。使用时要将涂白剂充分搅拌，以利于刷匀。

3. 果园熏烟加温

霜冻来临前，在桃园上风口和四周利用锯末、杂草等混合堆积点燃发烟，升温去霜。

4. 树盘覆盖

利用秸秆、杂草等覆盖物盖住树盘，减少地面有效辐射，可以预防霜冻。

五、合理负载

桃树合理负载，能确保果园连年丰产、稳产，利于果大、质优、增效。桃树合理负载，应根据气候特点和果园实际情况综合考虑，如品种构成、树龄大小、树势强弱等。

初结果树要兼顾扩冠与适量负载，丰产园要兼顾树势与负载的平衡，结果过多，树势衰弱；结果太少，树势过旺。过旺树应加大负载量，以果压树。中庸健壮树应维持标准产量，提升品质，稳定树势。衰弱树应减少留果量，促进树势恢复。

壤土或沙壤土，肥力较高，产量适当高些，反之应少些；栽培者技术水平高，负载量可适当加大，反之则少些。

要制定一个适宜各地桃园的标准产量是比较困难的，也可根据果间距进行留果，果间距一般在15～20cm，依果实大小而定。根据生产上的经验，桃园每亩的产量可维持在2 500kg左右。

第四节　果实套袋技术

近年来果品市场竞争日趋激烈，对果品质量的要求越来越高，为了提高果实的商品性，生产无公害果实，套袋势在必行。套袋可以防病、防虫、防鸟、防裂果，减少了喷药次数和果面农药、粉尘污染，提高了果实外观质量，有利于果品安全。但是套袋费工、费力，增加了管理成本，降低了果实含糖量、维生素C含量、果实硬度和耐贮运性，对果园土壤管理和果实管理的技术要求也更严格。

一、果实套袋前的准备

要做好疏花、疏果，果实硬核期完成后定果，留果量确定后，全园喷一遍杀菌剂和杀虫剂，及时套袋。

套袋分为单层袋和双层袋。双层袋内袋为白色防水袋或有色袋，外袋为橙黄色或深色袋，内袋无底。单层袋又分为有底袋和无底袋两种，一般早熟品种或设施栽培采用单层无底浅色袋，中晚熟品种使用单层或双层有底深色袋。

二、桃的果实套袋技术

1. 套袋时期

套袋一般在定果后进行。无生理落果的品种花后 30d 开始套袋，生理落果严重的品种可在花后 50~60d 开始套袋。

2. 套袋方法

由于桃的果柄较短，为了便于操作，可将果袋上口加长一些。套袋时，首先把袋撑开，抬起底部，使底部两角通风，打开通气孔，沿果柄口把果放入袋内，后用袋上的铁丝把袋口封紧，固定好即可。套袋顺序是先上后下，从内到外，防止漏套。注意不要将叶子放入袋中（图 6–3）。

图 6–3　桃套袋

3. 脱袋时期

以袋子种类、果实品种、气候条件不同而定。果实茸毛少的品种，易着色，采收前 5d 除袋；果实茸毛多的品种，采收前 10d 除袋。成熟早的上部枝的果袋应早除，下部的晚除 2d 左右；摘袋宜在阴天或傍晚进行，使桃果免受阳光突然照射而发生日灼。鲜食黄桃品种为生产黄色桃一般不需要摘袋，带袋采摘，根据销售需要确定是否去袋。

第五节　果实膨大增色和品质提升

一般情况下，桃早熟品种单果重要求150g以上，中熟品种200g以上，晚熟品种300g左右。但不是越大越好，过大的果实往往品质不佳，优质的果实一般为中等偏大。在同一品种中，一个果实的细胞数量和细胞体积决定了该果的果实大小。

一、桃果实膨大的管理

桃果实的发育呈双“S”形曲线，有两次迅速生长期，中间是缓慢生长期。第一次迅速生长期为细胞分裂期，主要是增加细胞数目。此期果实体积、重量均迅速增长。第二次迅速生长期为果实迅速膨大期，果肉细胞迅速膨大，该期果重增加量占总果重的50%~70%，持续时间3~4周，尤其成熟前2周是增长最快的关键时期。中间的缓慢生长期为硬核期，果实增长缓慢，果核长到品种固有大小，并达到一定硬度，果实再次出现迅速生长时结束。

桃果实膨大技术要点是增加树体贮藏养分，减少无效消耗，促进树体营养生长，为果实以后的生长打下良好基础。

1. 土肥水管理增加树体的贮藏养分

树体的贮藏养分决定桃果实细胞数目的多少。9—10月是根系第二次生长高峰期，此期施足基肥，按全年需肥量的60%~70%混入适量氮磷钾复合肥和中微量元素。此时施肥，适当进行根系修剪，可促进根系生长，增加吸收量，提高桃树贮藏营养水平，可充实花芽，增强越冬能力，对翌年的开花、坐果均有良好效果。在硬核期、果实膨大期及时合理追肥、浇水，保持树体健壮，为优质丰产打好基础。

2. 整形修剪促进树体通风透光

合理冬剪，调节结果枝的位置、数量和分布，维持地上部与根系、留花量与树势的平衡；及时夏剪，促进枝条充实，形成饱满的

花芽。对于直立枝，如所处位置枝条较密，就从基部疏除；如果所处位置有空间，进行极重短截，促发分枝，培养成结果枝，同时疏去病虫枝、交叉枝、衰弱枝等。克服树体衰老与更新复壮的矛盾，确保丰产树形。

二、桃果实增色提质技术

桃的口感由甜味、酸味和肉质所决定。桃果皮颜色是由花青素决定的，花青素的形成与直射光的强度有直接关系，但果实的含糖量、成熟度、外源激素、微量元素与果实着色有间接促进作用。可以采取以下措施促进桃果实增色、提高品质。

1. 合理修剪，促进果实着色

桃树是喜光的树种，选择合理的栽植密度、确定好树形、树体通风透光是果实全面着色的基础。有利于着色的树形有高“Y”形、三主枝挺身形等；确保树体通风透光，树体上下、内外生长平衡，及时处理直立徒长枝，疏除影响果实着色的枝条。在摘袋前几天摘除果实周围遮光的叶片，地面铺设反光膜或北面竖立反光膜，对下垂的主侧枝和大中型结果枝组要吊枝或撑枝，可提高果实着色和含糖量，降低酸度，提高果实品质。

2. 合理肥水，增施有机肥

在肥水管理过程中，果实硬核期的追肥应以磷钾肥为主，果实成熟前增大钾肥的追施比例。基肥以有机肥为主，施入适量的复合肥和中微量元素。有机肥含有较多的有机质和腐殖质，养分全面，可以改善土壤理化性状、活化土壤养分、促进土壤微生物的活动，有利于作物的吸收与生长。采收前 20d 减少灌水量或停止灌水，以提高果实的含糖量，促进花青素的形成和着色。

3. 桃园生草

桃园行间种植绿肥生草，并适时刈割覆于树盘行间，腐烂后翻入土中，可以增加土壤有机质含量，而且可以改善桃园的微生态环境。

4. 合理负载

根据品种特性、树体状况以及管理水平，及时疏花、疏果，使树体合理负载，不仅可以增大果实，提高商品果率，而且有利于丰产、稳产。

第六节　适时采摘与分批采收

桃果实只有完全成熟才具其品种所特有的风味。采收过早品质差，产量低。分期采收，适当晚采，有利于增加产量，提高品质。但实际生产中常因用途、销售距离远近等原因不能在完全成熟时采收。

一、适时采摘

目前，生产上将桃的成熟期分为七成熟、八成熟、九成熟、十成熟。一般距市场较近的，可以在八九成熟时采收；距市场较远，需长途运输的，宜在七八成熟时采收；供贮藏用的桃，一般在七八成熟时采收。溶质桃宜适当早采，尤其是软溶质品种；半溶质或硬溶质桃可适当晚采，实行分批采收。特别是鲜食黄桃品种，进入成熟期时，带着果袋，用手估测果实重量进行采收，间隔 3～5d 再继续分批采摘。分批采收可有效提高果实品质、产量、优质果率和经济效益。

二、采收方法

桃果实硬度较低，易划伤果皮，在采摘时要戴好手套或剪短指甲。采收时要轻采轻放，不能用手指用力捏果实，而应用手托住果实微微扭转，顺果枝侧上方摘下，以免碰伤。对于果柄短、梗洼深、果肩高的品种，采摘时不能扭转，而是用手掌轻握果实，顺枝向下摘取；有些蟠桃品种果柄处易撕裂，采摘时尤其要注意。

第七章　病虫害综合防治技术

桃树的病虫害种类虽然很多，但在各地能造成较大为害的病虫害种类却是有限的。目前各桃产区普遍发生的虫害有蚜虫、红蜘蛛、潜叶蛾、桑白蚧、红颈天牛、梨小食心虫、苹果小卷叶蛾等；病害有褐腐病、疮痂病、穿孔病、流胶病、根癌病、缺铁性黄叶病等。随着时间的推移和气候的变化，有些桃树的次要病虫害转变为主要病虫害，这一点需要在桃树管理过程中引起高度重视。

在桃树病虫害防治中，应遵循“预防为主、综合防治”的原则，综合应用农业防治、物理防治、生物防治和化学防治等防治方法，充分发挥各种措施的综合效应，把病虫害控制在经济阈值允许范围之内。优先选用农业防治、物理防治、生物防治的方法，尽量减少化学农药的使用，既能降低成本，又减少化学农药所产生的不良反应，提高经济效益，保护生态环境，形成良性循环。

第一节　桃树害虫天敌保护利用

一、以虫治虫

以虫治虫是利用对人类有益的捕食性昆虫和寄生性昆虫进行害虫防治的一种方法。建立一个相对稳定的桃园生态系统，为天敌提供良好的栖息和生态环境，使之能够自然繁衍生息，增加天敌的数量，充分发挥其控制害虫的作用。桃树生产中，可利用的天敌主要有七星瓢虫、红点唇瓢虫、草蛉、捕食性蓟马、赤眼蜂等。七星瓢虫捕食蚜虫，红点唇瓢虫捕食桑白蚧，草蛉捕食蚜虫、螨类，捕食性蓟马捕食蚜虫、螨类等，赤眼蜂寄生梨小食心虫、苹果小卷叶蛾等。生产中，可以通过保护、繁殖这些天敌，控制蚜虫、叶螨、介壳虫等桃树害虫的发生（图 7-1）。

图 7-1　天敌

二、桃园生草

通过桃园生草，增加植物多样性，丰富植物品种的同时，也极大丰富了害虫天敌的食物，这样有利于建立良好的桃园生态环境，增加天敌的数量，维持各昆虫种群的合理比例。例如紫花苜蓿可以招引草蛉、瓢虫、食虫蜘蛛、食蚜蝇等天敌昆虫。

第二节　桃树主要病害及防治

一、桃树穿孔病

1. 为害症状

桃树穿孔病主要发生在叶片上，也可侵染果实和枝梢。桃树穿孔病有真菌性穿孔病和细菌性穿孔病之分。真菌性穿孔病又分为褐斑穿孔病和霉斑穿孔病，其病斑呈圆形或椭圆形，病斑相对大些，直径可达 2~3mm。细菌性穿孔病病斑呈多角形或不规则形，病斑相对小些，直径 1~2mm。有时，细菌性穿孔病和真菌性穿孔病混合发生。

叶片受害，初期在叶背产生水渍状小点，有时呈紫红色小点，甚至连片。扩大后呈圆形、多角形或不规则形病斑，紫褐色至褐色，直径约2mm，进而病斑周围产生黄色圆圈，且病斑干枯，病健交界处产生一圈裂纹，最后脱落形成穿孔，穿孔边缘不整齐，有时部分枯死组织与叶片相连暂不脱落。发生严重时，往往造成早期落叶（图7-2）。

图7-2 叶穿孔病

枝条受害，形成春季溃疡和夏季溃疡两种病斑。春季溃疡发生在一年生枝条上，春季开始发病，常在叶柄周围侵染，初为暗褐色小疱疹，扩展为暗色至深褐色病斑，长椭圆形或长条形，略凹陷，然后表皮破裂，有时有细菌溢出。轻时，后期形成溃疡病斑。严重时，病斑绕枝一周，造成枯梢现象。夏季溃疡为当年新梢被侵染形成的病斑，初期以皮孔为中心形成紫红色病斑，有时病斑有流胶现象，然后病斑变为褐色至紫褐色，长椭圆形，稍凹陷，边缘呈水渍状。后期病斑干缩凹陷，暗褐色，长椭圆形或不规则形（图 7-3）。

图 7-3　枝条穿孔病

果实受害，从幼果期至果实成熟前均可发病。幼果发病，初期产生水渍状近圆形小斑点，进而发展为淡褐色略凹陷病斑，直径 2~3mm，会在果实病部有胶流出。果实近成熟时发病，初为暗紫色圆形病斑，边缘水渍状，扩展后病斑略陷，淡褐色至褐色，直径为 2~3mm。严重时病斑连片，果实浅层组织呈淡褐色至褐色坏死，连片病斑表面龟裂，严重影响果品的质量（图 7-4）。

2. 发病规律

病原菌主要在枝条溃疡病斑上越冬，翌年随气温升高而开始活动，通过风或昆虫传播，经叶片的气孔、枝条和果实的皮孔侵入为害。春季及初夏多雨潮湿是导致该病严重发生的主要原因，夏季多雨潮湿亦可造成该病严重发生。树势衰弱、树体通风透光不良可以加重该病发生；排水不良、偏施氮肥的桃园发病较重；黄叶病重的

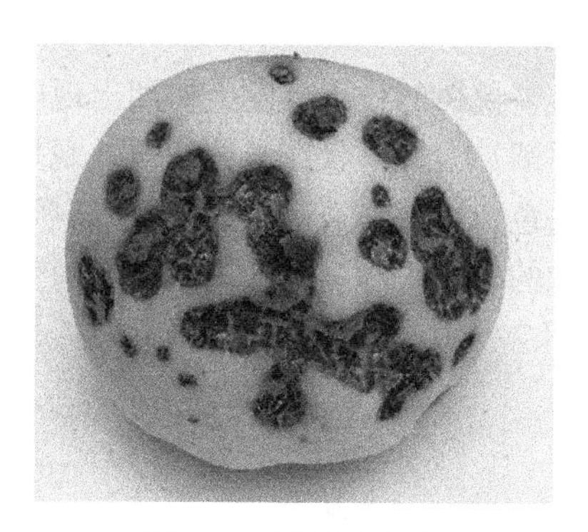

图 7-4　桃果实穿孔

桃树上易发生穿孔病，病叶易早落。桃树穿孔病一般会在迎风口发生偏重。

3. 防治方法

（1）加强桃园管理。清扫落叶，结合修剪彻底剪除病枝及枯死枝，集中深埋或烧毁，减少越冬菌源。

（2）萌芽前彻底清园。发芽前全园喷施 1 次 5 波美度石硫合剂或 80%硫黄水分散粒剂 500 倍液进行清园。

（3）生长期喷药。谢花后至套袋前是防治桃树穿孔病的关键时期。常用有效药剂有 33.5%喹啉铜悬浮剂1 000~1 500倍液、3%中生菌素可湿性粉剂 800~1 000倍液、10%多抗霉素可湿性粉剂 1 000倍液、20%噻唑锌悬浮剂 400~500 倍液等。喷 2~3 次，喷药间隔期为 10~15d。

二、桃树流胶病

流胶病为桃树生产上的主要病害之一，在我国南北方桃产区均有发生，长江流域及以南地区为害更加严重，一般桃园发病率 30%~40%，重茬、土壤黏重、使用除草剂或多效唑的桃园发病率更高。

1. 为害症状

流胶病主要为害桃树的枝干，发生初期出现以皮孔为中心的稍隆起的小疱斑，逐渐扩大为瘤状突起，病枝外观呈浮肿状。剖开疱斑，可见皮层变褐色，下雨或湿度高时，疱斑吸水膨胀，皮层开裂，流出半透明状的软胶，后变为黑褐色，质地变硬，在严重时会导致枝条枯死（图 7–5）。

图 7–5　流胶病

2. 发病规律

桃树流胶病在发病原因上有不同观点，普遍认为桃树流胶病病因可分为侵染性和非侵染性两种。侵染性流胶病由葡萄座腔菌和桃囊孢菌侵染所致。病原菌以菌丝体和分生孢子器在树干、树枝的染病组织中越冬，翌年在桃花萌芽前后产生大量分生孢子，借风雨传播，并且从伤口或皮孔侵入，以后可以再次侵染；非侵染性流胶病诱发因素比较复杂，冻害、机械伤口、虫害、水分过多或不足、施肥不当、修剪过度、栽植过深、土壤黏重板结，土壤酸性太重、使用除草剂或多效唑等原因都能引起桃树流胶病发生。

3. 防治方法

（1）春季萌芽前，清扫桃园，全园喷布 1 次 5 波美度石硫合剂彻底清园。

（2）改良土壤，合理施肥，适当控制氮肥使用量，补充中微量元素，增施有机肥，深翻改良土壤，起垄栽培，增加土壤通

透性。

（3）桃园生草，禁止使用除草剂、多效唑等伤害桃树根系的化学物质，及时排涝，并于干旱时适量浇水。

（4）树干涂白，控制冻害、机械损伤及虫害造成的伤口。

（5）枝干发生流胶，待雨后易于清理胶状物时，将胶清理干净，在流胶处涂抹辛菌胺和氨基酸涂干肥，可以得到一定的控制。

三、桃疮痂病

1. 为害症状

桃疮痂病又名黑星病。病菌主要为害果实，其次为害叶片和枝梢。果实发病，多集中在果实肩部，病斑初为暗褐色圆形小点，后呈黑色痣状斑点，直径1~3mm，严重时病斑聚合成片。由于病菌扩展仅限于表皮组织，当病部组织枯死后，果肉仍可继续生长，因此常导致病斑龟裂，成疮痂状。幼梢发病，初期为浅褐色椭圆形小点，后由暗绿色变为褐色，严重时小病斑连成大片；叶片受害，往往在叶背呈现出多角形或不规则形灰绿色病斑，以后病部转为暗绿色，严重时病部干枯脱落而形成穿孔。

2. 发病规律

病菌主要以菌丝体在枝梢病组织内越冬。翌年春季病菌孢子随风雨传播。病菌从气孔、皮孔等自然孔口侵入。一般4月中下旬展叶后即可发病。南方地区雨季早，发病也较早，4—5月发病率最高。在北方地区，其发病率最高在7—8月。病害潜育期较长，在新梢及叶片上为25~45d，果实上为47~70d。该病一般在中熟及晚熟品种上发生较重，早熟品种很少发生。

疮痂病发生轻重与幼果期的湿度有密切关系，多雨潮湿年份发生较重。另外，桃园低洼、树冠郁闭、通风透光差等不良环境条件，均可加重该病发生。

3. 防治方法

（1）清除病原。结合修剪，剪除病枝、枯枝、残桩，集中烧

毁或深埋；生长期，及时剪除病枯枝和摘除病果。

（2）早春芽萌动期，喷 1 次 5 波美度石硫合剂，铲除枝梢上的越冬病菌。

（3）从谢花后 5~7d 开始喷药，可选择 70%丙森锌可湿性粉剂 800~1 000倍液、80%代森锰锌可湿性粉剂 800~1 000倍液、35%氟吡菌酰胺·戊唑醇悬浮剂3 000倍液、70%甲基硫菌灵可湿性粉剂 800~1 000倍液、40%氟硅唑4 000~5 000倍液进行防治。10~15d 喷 1 次，内吸性杀菌剂与保护性杀菌剂交替或混合使用。

（4）花后 3~4 周及时套袋，可防止病菌侵染果实。

四、桃褐腐病

1. 为害症状

桃褐腐病为害桃树的花、叶、枝梢及果实，其中以果实受害最为严重。花受害，自雄蕊及花瓣尖端开始，先发生褐色水渍状斑点，后逐渐延至全花，随即变褐而枯萎。天气潮湿时，病花迅速腐烂，表面丛生灰霉，若天气干燥时则萎垂干枯，残留枝上，长久不脱落；嫩叶受害，自叶缘开始，病部变褐萎垂，最后病叶残留枝上；新梢受害，侵害花与叶片的病菌菌丝可通过花梗与叶柄逐步蔓延到果梗和新梢上，形成溃疡斑。病斑长圆形，中央稍凹陷，灰褐色，边缘紫褐色。当溃疡斑扩展环割一周时，上部枝条即枯死。空气潮湿时，溃疡斑上出现灰色霉丛；果实受害，最初在果面产生褐色圆形病斑，如环境适宜，病斑在数日内便可扩及全果，果肉也随之变褐软腐。然后在病斑表面生出灰褐色绒状霉丛，常呈同心轮纹状排列，病果腐烂后易脱落，但也有少量病果失水后变成僵果，悬挂枝上经久不落。僵果是一个假菌核，是病菌越冬的重要场所。褐腐病在桃果实运输和贮藏过程也易发病，一经发病，侵染速度很快，常会造成病果周围的桃子迅速腐烂（图 7–6）。

2. 发病规律

病菌主要以菌丝体在树上及落地的僵果内或枝梢的溃疡斑部越

图 7-6　桃褐腐病

冬，翌年春季产生大量分生孢子，借风雨、昆虫传播，通过病虫伤、机械伤或自然孔口侵入。在适宜条件下，病部表面产生大量分生孢子，引起再次侵染。在贮藏期内，病健果接触，可传染为害。花期低温、潮湿多雨，易引起花腐。果实成熟期温暖多雨或大雾天气易引起果实腐烂。病虫伤、冰雹伤、机械伤、裂果等表面伤口多，会加重该病的发生。树势衰弱、管理不善、枝叶过密、地势低洼的桃园发病常较重。果实贮运中如遇高温、高湿，利于病害发展。一般凡成熟后果肉柔嫩、汁多味甜、皮薄的品种较果皮厚、果肉组织硬的品种易感病。

3. 防治方法

（1）消灭越冬菌源。结合修剪做好清园工作，彻底清除僵果、病枝等越冬菌源，集中烧毁，同时进行深翻，将地面病残体深埋地下。

（2）控制桃蛀螟、金龟子、食心虫、蝽象等害虫造成的伤口，桃果实采收、贮运过程中尽量避免碰压伤，发现病果及时拣出。

（3）化学防治。除发芽前喷 5 波美度石硫合剂或 80% 硫黄水分散粒剂 500 倍液外，药剂防治的关键时期是花期前后、套袋前和果实成熟期。花腐发生多的地区应在初花期和采收前3周加喷35%氟吡菌酰胺·戊唑醇悬浮剂3 000倍液或75%肟菌酯·戊唑醇水分散粒剂5 000倍液防治。发病严重的桃园可每15d喷一次药，采收前2周停喷。

五、桃树根癌病

桃树根癌病是属于已知的根癌土壤杆菌侵染引起的一种细菌性病害。

1. 为害症状

桃树根癌病初发生时，病部为乳白色或微红色，光滑柔软，后渐变为褐色，木质化而坚硬，表面粗糙，凹凸不平。受害桃树严重生长不良，植株矮小，果少质劣，甚至全株死亡。

根部被害形成根瘤的形状通常为球形或扁球形，也可互相愈合成不规则形状。瘤的数目少则1~2个，多达十几个。瘤的大小差异很大，小如豆粒，最大的直径可达数厘米至十几厘米。苗木受害表现出的症状特点是发育受阻，生长缓慢，植株矮小，严重时叶片黄化，树体早衰。成年桃树受害，树势衰弱，生长不良，果实变小，树龄缩短。

桃树根癌病从为害部位所表现的症状，可分为根茎癌型、根癌型、茎癌型3种。根茎癌型发生在桃树关键的根茎接合部，直接影响对营养和水分的正常吸收与运输，造成树体生长不良，发病严重的可导致树体死亡，损失巨大。根癌型病害发生在桃树各种水平的根上，随着根的粗细分布，癌的大小各异，严重的植株矮小。茎癌型病害发生在地上苗木茎基部，使农事操作不当。嫁接和临时栽植造成的伤口等引起的病菌感染，应早发现及时清除。

2. 发病规律

病原菌生存于癌瘤组织或土壤中，可随雨水或灌溉水径流，通过伤口侵入。碱性土壤有利于发病，重茬苗圃及重茬桃园容易发病。

桃树整个生长过程都可以遭受根癌病的侵染，其为害部位和程度有所不同。苗木、幼树根茎部位的病害往往重于成年结果大树，但其造成的损失相对较小。

根癌病的发病条件：①温度。瘤的形成以22℃时为最适合，在30℃以上时瘤不易形成。②土壤理化性质。pH值在7.3时最适合病菌的侵染。但当pH值达到5或更低时，病菌一般不易侵染。土壤黏重、排水不良时发病多，土质疏松、排水良好的沙质壤土发病少。③嫁接方式。在苗圃中，采用切接法嫁接的染病机会多，发病率较高，而采用芽接法嫁接的则很少染病。此外，根部受伤，也有利于病菌侵入，增加发病机会。

3. 防治方法

（1）建立无病苗木繁育基地，培育无病壮苗，严禁病区和集市的苗木调入无病区，认真做好苗木产地检验消毒工作，防止病害传入新区。凡调入苗木都应在未定植之前将嫁接口以下部位用33.5%喹啉铜悬浮剂500倍液浸泡5min。

（2）加强栽培管理，改进嫁接方法。选择无病害侵染的土壤作苗圃；老桃园，特别是曾经发生过根癌病的桃园不能作为育苗基地。嫁接苗木采用芽接法，嫁接工具使用前后须用75%酒精消毒。在碱性土壤上种植时，应适当施用酸性肥料或增施有机肥料。

（3）防治地下害虫。及时防治地下害虫，以便减少发病机会。

（4）生物防治。在根癌病多发区域，定植前用2倍液的K84浸根，然后栽植。

（5）病瘤处理。在定植后的桃树上发现病瘤时，先用快刀彻底切除癌瘤，然后用33.5%喹啉铜悬浮剂20倍液或大消50倍液消毒切口。

六、桃树腐烂病

1. 为害症状

该病主要为害较大树龄的主干、主枝和侧枝，有时也为害主根基部。发病初期病部皮层稍肿起，略显紫红色或暗褐色，表面湿润，后从病部流出黄色至黑褐色的树脂状胶液，皮孔四周略凹陷，病部皮层下也有黄色黏稠的胶液，病部皮层湿腐状、褐色并有酒糟味。发生严重的情况下，病斑绕干、枝一周，形成环切，病树或整枝死亡。后期病斑干缩下陷，表生灰褐色突起子座，湿度大时，涌出红褐色丝状孢子角。

2. 发病规律

病原菌以菌丝体、分生孢子器和子囊腔在枝干病部越冬。翌年春季病原菌菌丝活动，继续在病部扩展，3、4月间开始散发孢子，借风、雨及昆虫传播，一般从伤口或皮孔侵入。该病害自早春至晚秋均可发生，一般在4月上旬开始发生，5、6月病害发展最迅猛，7、8月高温季节，病害发展缓慢，9月病情又趋上升。凡偏施氮肥、树势衰弱、土壤黏重、修剪不当、枝干受冻、蛀干害虫为害严重的园片常会助长病害发展。

3. 防治方法

（1）直接防治。发现病斑直接用75%肟菌酯·戊唑醇水分散粒剂200倍液涂药治疗。

（2）加强栽培管理。控制氮肥施用量，进行全营养平衡施肥，增强树势；合理修剪，改善树体通风透光条件，增加光合产物，提高树体抗病能力；秋末冬初树干涂白，减少枝干冻害和虫害。

（3）药剂预防。发芽前全园喷施3~5波美度石硫合剂或80%硫黄水分散粒剂500倍液。桃谢花后5~7d，可喷施2~3次50%多菌灵可湿性粉剂800~1 000倍液、80%代森锰锌可湿性粉剂800~1 000倍液或35%氟吡菌酰胺·戊唑醇悬浮剂3 000倍液等杀菌剂防治。

七、桃炭疽病

1. 为害症状

该病主要为害果实，也能侵害叶片和新梢。幼果受害，初为淡

褐色水渍状斑，后随果实膨大呈圆形或椭圆形，红褐色，中心凹陷。空气潮湿时，在病部长出橘红色小粒点，幼果染病后即停止生长，形成早期落果。空气干燥时，形成僵果。果实成熟时发病，病斑上呈明显的同心环状轮纹皱缩，在潮湿时病变处有橘红色小粒点(分生孢子盘)；叶片病斑圆形或不规则形，淡褐色。病、健部界线明显，后期病斑干枯脱落形成穿孔；嫩梢发病时，开始出现水渍状斑，并逐渐呈现出褐色的椭圆形，有时为不规则的病斑，病变与正常处交界明显，随着病斑渐大，嫩叶变黑且萎缩干枯。

2. 发病规律

病菌以菌丝在病枝、病果中越冬，翌年当平均气温达 10~12℃、相对湿度达 80%以上时开始形成孢子，借风雨、昆虫传播，形成第一次侵染。该病为害时间长，在桃整个生育期都可侵染。高湿是本病发生与流行的主导诱因。开花及幼果期低温多雨，果实成熟期温暖、多雨雾及高湿的环境有利于发病。管理粗放、土壤黏重、排水不良、施氮过多、树冠郁闭的桃园发病严重。桃炭疽病在相对湿度 60%~80%、温度 20~27℃时最易感病。

3. 防治方法

(1) 注意不要在低洼、排水不良的黏质土壤地块建园，在多雨的地区要起垄栽植，注意抗性品种的选择。

(2) 加强栽培管理，多施有机肥和磷、钾肥，补充中微量元素，适时夏剪，改善树体结构，通风透光。雨后及时排水，合理修剪，严防枝叶过密，使树体通风透光，以减少发病诱因。

(3) 秋冬季铲除病原。生长期及时摘除病果，减少传染源。秋季做好清扫桃园工作，彻底剪除病枝和僵果。

(4) 化学防治。春季萌芽前对树体喷施 3~5 波美度石硫合剂。谢花后至套袋前用 35%氟吡菌酰胺·戊唑醇悬浮剂 3 000倍液或 80%代森锰锌可湿性粉剂 800~1 000倍液或 70%甲基硫菌灵可湿性粉剂 800~1 000倍液交替喷雾。用药时最好加上水大力，改善水质，提高药效。

八、桃缩叶病

1. 为害症状

病菌主要为害桃树幼嫩部分，以侵害叶片为主，严重时也可为害花、嫩梢和幼果。叶片初展时，病叶变厚，叶肉膨胀，叶缘向内卷曲，叶背面形成凹腔。继而，叶片皱缩程度加重，显著增厚、变脆，叶正面凸起部分变红或紫红色。春末夏初，皱缩组织表面出现病菌的灰色粉状物。后期，病叶变褐、焦枯脱落。严重时，新梢叶片全部变形、皱缩，甚至枝梢枯死。花、果受害，多半脱落，花瓣肥大变长，病果畸形，果面常龟裂（图 7–7）。

图 7–7　桃缩叶病

2. 发病规律

病菌主要以子囊孢子和芽孢子在桃叶鳞片上及枝干表面越冬，翌春桃树萌芽时，孢子萌发，直接穿透嫩叶表面侵入或从气孔侵入。病菌侵入后，刺激叶片组织畸形生长，形成缩叶症状。病菌喜低温不耐高温，21℃以上停止扩展，该病具典型的越夏特征。

缩叶病主要发生在滨湖沿海及高海拔山区桃园，早春低温多雨可加重该病发生。该病原先在北方桃园很少有发生，但在 2021 年在山东省部分地区首次报道发现。

3. 防治方法

（1）加强桃园管理，提高树体抗病能力。初见病叶时，及时

人工摘除，集中烧毁，减少当年越夏病菌数量。

（2）药剂防治。桃树花露红但尚未展开时，是喷药防治缩叶病的最关键时期，一般一次药即可，但喷药必须均匀周到，使全树的芽鳞和枝干都黏附药液。常用的药剂有75%肟菌酯·戊唑醇水分散粒剂5 000倍液、75%代森锰锌·嘧菌酯干悬浮剂1 000倍液、50%多菌灵可湿性粉剂800倍液等。

九、桃白粉病

1. 为害症状

主要为害叶片、新梢，有时为害果实。

叶片感病，叶片背面呈现边缘不清晰的近圆形或不定型的白色霉点，表面有黄绿色。然后，霉点逐渐扩大，发展为白色粉斑，粉斑可互相连合为斑块，严重时叶片大部分乃至全部为白粉状物所覆盖，恰如叶面被撒上一薄层面粉一般。被害叶片褪黄，甚至干枯脱落；新梢被害，幼叶叶面不平，扭曲呈波状，在老化前也出现白色菌丝；果实感病，出现白色圆形，有时不规则形的菌丝丛，粉状，接着表皮附近组织枯死，形成白色或浅褐色病斑，后病斑稍凹陷，硬化。2019年以来，桃白粉病在鲁中地区发生较为普遍，应予以关注和预防（图7-8）。

2. 发病规律

桃白粉病菌以无性态的分生孢子作为初次侵染和再次侵染的接种体，借气流传播侵染致病。病菌于10月以后形成黑色闭囊壳越冬，翌春放出子囊孢子进行初侵染，形成分生孢子后进一步扩散蔓延。分生孢子萌发温度为4~35℃，适温为21~27℃，在直射阳光下经3~4h，或在散射光下经24h，即丧失萌发力，但抗霜冻能力较强，遇晚霜仍可萌发。

3. 防治方法

（1）秋后清理桃园，扫除落叶，集中烧毁或深埋。

（2）萌芽前喷施5波美度石硫合剂或80%硫黄水分散粒剂500

图 7-8 桃白粉病

倍液；发病初期喷施25%三唑酮可湿性粉剂2 000倍液或4%四氟醚唑水乳剂1 200~1 500倍液1~2次。

第三节 桃树主要虫害及防治

目前，桃园普遍发生的虫害有蚜虫、红蜘蛛、二斑叶螨、桃潜叶蛾、介壳虫、食心虫、苹果小卷叶蛾、红颈天牛、大青叶蝉、金龟子等。有些桃园大面积出现了康氏粉蚧，应引起注意。

一、蚜虫

俗称腻虫、蜜虫。蚜虫的种类很多，为害桃树的主要有3种，即桃蚜、桃粉蚜和桃瘤蚜。

1. 形态特征

（1）桃蚜。又名桃赤蚜、烟蚜、菜蚜等，分布于全国各地。成虫分为有翅及无翅2种类型。有翅胎生雌蚜，体色有绿色、黄绿色、褐色、赤褐色等类型，因寄主而异；无翅胎生雌蚜，头、胸部黑色，腹部绿色、黄绿色或赤褐色。体为梨形，肥大。卵散产或数粒一起产于枝梢、腋芽、小枝杈及枝条的缝隙等处，长圆形，初产时绿色，后变为黑色，有光泽。

（2）桃粉蚜。有翅成虫头、胸部淡黑色，腹部黄绿色。无翅成虫略大于有翅成虫，体绿色，复眼红色。最大特点是体表披有蜡状白粉，区别于其他蚜虫。若虫淡黄绿色，体上白粉较少。卵椭圆形，初产出时为黄绿色，近孵化时变为黑色，有光泽（图 7-9）。

图 7-9　桃粉蚜

（3）桃瘤蚜。有翅成虫体淡黄褐色。无翅成虫体较肥大，深绿或黄绿色，长椭圆形，颈部黑色。若虫与无翅成虫相似，体较小，淡绿色。卵椭圆形，黑色有光泽。

2. 为害症状

桃蚜与桃粉蚜以成虫或若虫群集叶背吸食汁液，也有群集于嫩梢尖端为害的。桃粉蚜为害时，叶背满布白粉，能诱发霉病。桃蚜为害的嫩叶皱缩扭曲，被害树当年枝梢的生长和果实的发育都受到影响。桃瘤蚜对嫩叶老叶均为害，被害叶的叶缘向背面纵卷，卷曲处组织增厚，凹凸不平，初为淡绿色，渐变为紫红色，严重时全叶卷曲。

3. 发生规律

蚜虫在北方地区一年发生 10 余代，在南方地区可发生 20 余代。以卵在桃树枝条间隙及腋芽中越冬。3 月中下旬至 4 月上中旬，开始孤雌胎生繁殖，新梢展叶后开始为害。繁殖几代后，于 5 月开始产生有翅成虫，6—7 月飞迁至第二寄主（夏寄主），如烟草、马铃薯等植物上。9 月左右，又大量产生有翅成虫，迁飞到白菜、萝卜等蔬菜上。到 10 月再飞回桃树上产卵越冬，并有一部分成虫或若虫在夏寄主上越冬。

4. 防治方法

（1）展叶前喷布1次70%吡虫啉水分散粒剂14 000倍液防治。

（2）谢花后用22.4%螺虫乙酯悬浮剂3 000~5 000倍液或10%氟啶虫酰胺水分散粒剂2 500~5 000倍液喷雾进行防治。

（3）另外，还可利用天敌，如瓢虫、草蛉、食蚜蝇和芽茧蜂等进行控制。

二、绿盲蝽

近年来，在桃产区绿盲蝽为害严重，很多桃农误把绿盲蝽的为害当作穿孔病来防治，耽误了防治时期，严重影响了桃农们的经济收入。

1. 形态特征

成虫体长5~7mm，宽2.2~3mm，绿色，密被短毛。头部三角形，黄绿色，复眼黑色突出，革片端部与膜片相接处略呈灰褐色；若虫初孵时绿色，复眼桃红色。2龄黄褐色，3龄出现翅芽，4龄超过第11节，2、3、4龄触角端和足端黑褐色，5龄后全体鲜绿色，密被黑细毛，眼灰色；卵长1mm，黄绿色，长口袋形，卵盖奶黄色，中央凹陷，两端突起，边缘无附属物。

2. 为害症状

4月上旬，当桃花盛开之时，越冬卵孵化出的若虫开始刺吸嫩叶、嫩芽的汁液，4月中旬是为害盛期。随着幼果的形成，便开始刺吸幼果的汁液。每刺吸一处便留下一处洞眼，随着果实的增长，以刺吸处为中心向外扩展，形成一个个大小不均的坏死斑点，并有分泌物流出，形成胶体状，失去商品价值。受害叶片畸形，洞眼呈网状，严重影响嫩叶的正常生长和光合作用（图7-10）。

绿盲蝽成虫日夜均能活动，白天多在叶片下面隐藏。若虫有避光性，昼伏夜出，而在阴雨天气，可全天进行为害。因此，阴雨天较多的4、5月，发生量更大，为害更严重（图7-11）。

图 7-10　绿盲蝽为害

图 7-11　绿盲蝽为害状

3. 发生规律

绿盲蝽在黄河故道及周边地区一年发生 4~5 代。以成虫和若虫刺吸嫩叶、果实的汁液为主。以卵在桃树枝干粗皮缝、花芽基部以及土壤内越冬。4 月上旬越冬卵开始孵化。5 月上中旬出现第 1 代成虫，同时也开始出现世代重叠。绿盲蝽基本上是每月发生 1 代。第 2 代成虫出现在 6 月上中旬，并开始向园外的大田农作物转移，为害豆类、玉米、棉花、花生以及瓜菜等作物。7 月上中旬发生第 3 代成虫，8 月中旬发生第 4 代成虫，9 月下旬出现第 5 代成

虫，并重新迁入桃园，直到10月底至11月初产卵越冬。

4. 防治方法

(1) 根据各地绿盲蝽的发生为害规律及特点，选用适宜的农药和适宜的时间进行防治。谢花70%时，是越冬代虫卵孵化期，也是防治绿盲蝽的关键时期。同时，关注每一代若虫的发生，直到6月上旬羽化成虫向桃园外迁移结束。可选择24%氯氟氰乳粒剂6 000~8 000倍液、70%吡虫啉水分散粒剂14 000倍液、25g/L溴氰菊酯乳油1 500~3 000倍液、10%高效氯氰菊酯乳油2 000倍液喷雾。

(2) 利用天敌进行防治。主要天敌有寄生蜂、草蛉、捕食性蜘蛛等。

三、山楂红蜘蛛

1. 形态特征

为害桃的红蜘蛛多数为山楂红蜘蛛。山楂红蜘蛛在我国北方普遍发生，为害严重。特别在6、7月，天气干燥时，最为猖獗。越冬雌虫为鲜红色，有光泽，其体形为椭圆形，背部隆起。夏季，雌虫为深红色，背面两侧有黑色斑纹，有刚毛6排，细长，4对足长度略相等；雄虫纺锤形，体浅黄绿色至浅橙黄色，体背两侧出现深绿色长斑；卵为球形，淡红色或黄白色。

2. 为害症状

山楂红蜘蛛常群集于叶背和初萌发的嫩芽上吸食汁液，还可为害幼果，并吐丝拉网（雄虫无此习性）。早春出蛰后，雌虫集中在桃树内膛为害，造成局部受害现象。第1代幼虫出现后，向树冠外围扩散。被害叶的叶面先出现黄点，随着数量增多而扩大成片。7—8月，为害严重时，有些桃树叶变红焦枯脱落，影响树势及花芽分化。

3. 发生规律

山楂红蜘蛛以受精的雌虫在树枝干皮的裂缝中及靠近树干基部的土块缝里越冬，在大发生的年份，还可潜藏在落叶或枯草中越

冬。每年发生代数因各地气候而异，一般 6~9 代。每年平均气温达 9~10℃时即出蛰，也就是芽膨大时上树活动。芽现绿后，转移到芽上为害，展叶后转移到叶上吸食汁液。经过 10 余天后，就在叶上开始产卵。若虫孵化后，群集于叶背吸食为害，6 月中旬至 7 月上旬是第 1 代雌成虫发生盛期，虫口密度最大，为害最严重。7—8 月间繁殖最快，发生数量和代数随气温的升高而迅速增加，8—10 月产生越冬成虫。

4. 防治方法

（1）休眠期防治。结合冬季桃园管理，清扫落叶，翻耕树盘，消灭越冬成虫。在越冬雌虫开始出蛰，而花芽、幼叶又未开裂前用 5 波美度石硫合剂喷雾防治。

（2）发芽后的防治。越冬雌虫出蜇盛期或第 1 代幼若螨集中发生期，喷施 10%哒螨灵可湿性粉剂1 500~2 000倍液防治；6—8 月发生高峰期，喷施 25%三唑锡可湿性粉剂2 000~3 000倍液或 1. 8%阿维菌素乳油2 000~3 000倍液喷雾防治。

四、二斑叶螨

1. 形态特征

雌成螨体长 0. 42~0. 59mm，椭圆形，生长季节为白色、黄白色，体背两侧各具 1 块黑色长斑，取食后呈浓绿、褐绿色；雄成螨体长 0. 26mm，近卵圆形，前端近圆形，腹末较尖，多呈绿色；卵球形，长 0. 13mm，光滑，初产为乳白色，渐变橙黄色，将孵化时出现红色眼点；幼螨，初孵时近圆形，体长 0. 15mm，白色，取食后变暗绿色，眼红色，足 3 对；若螨体长 0. 21mm，近卵圆形，足 4 对，色变深，体背出现色斑。

2. 为害症状

二斑叶螨以若螨、成螨聚集在桃树叶片的背面刺吸汁液，为害轻时，在主脉两侧出现许多细小失绿斑点，呈浅白色。为害严重时，叶片严重失绿，呈现苍灰色，并变硬变脆，叶片焦枯脱落，消耗树体大量养分，影响光合作用，导致树体衰弱，影响花芽形成和果实产量。虫口密度大时，在叶片背面结一层白色丝网或在新梢顶端群虫集结呈球状。

3. 发生规律

二斑叶螨在南方年发生20代以上，在北方发生12~15代。在北方以雌成螨在树皮、土缝、落叶、杂草等处越冬。当3月平均温度达10℃左右时，越冬雌螨开始出蛰活动并产卵。越冬雌螨出蛰后，多集中在杂草上为害，于5月上旬后陆续迁移到桃树上为害，此时一般不会造成大的为害，在6月上中旬进入全年的猖獗为害期，于7月上中旬进入全年中为害高峰期。10月后陆续出现滞育个体，进入11月后均滞育越冬。

4. 防治方法

（1）早春、秋末清洁桃园。在4月中下旬后，杂草上的二斑叶螨主要为卵和幼螨时，及时清除桃园中及周围的杂草，消灭其上的虫体，可减少迁移到桃树上的二斑叶螨数量，推迟年中猖獗发生期和高峰期出现的时间，并缩短猖獗发生期持续的时间。

（2）由于二斑叶螨抗药性较强，因此应掌握在发生初期进行防治，一旦严重发生则较难控制。所选药剂最好能对成螨、若螨及卵都有防效，否则基数较大，害螨在一定时期内仍可迅速成灾。可选用10%阿维·哒螨灵乳油2 000~3 000倍液、1.8%阿维菌素乳油2 000~3 000倍液、25%三唑锡可湿性粉剂2 000~3 000倍液、5%四螨·哒螨灵可湿性粉剂1 000~1 500倍液进行防治。

（3）喷药时应兼顾桃园内的杂草和其他作物，消灭防治死角，充分考虑保护天敌和延缓抗性产生，尽量避开主要天敌的大量发生期或选用选择性好的药剂。

五、苹果小卷叶蛾

1. 形态特征

成虫前翅基斑褐色，中带上狭下宽，呈“h”形。后翅及腹部为淡黄褐色。卵扁椭圆形，淡黄色，卵列呈鱼鳞状；幼虫淡绿色，体细长；蛹体黄褐色。

2. 为害症状

幼虫孵化后多分散在附近叶的背面，吐丝缀叶，潜居其中为害，使叶片破烂不堪。幼虫有转梢缀叶为害的习性，受惊后能吐丝下垂逃逸。桃树结果后，幼虫常将叶片缀贴果上，啃食果皮及果肉，把果皮啃成小凹坑，降低果品质量。幼虫老熟后即在卷叶内化蛹（图 7–12）。

图 7–12　苹果小卷叶蛾为害

3. 发生规律

一年发生 3~4 代，以幼虫藏在树裂缝内结小白茧越冬。翌年春季，桃树发芽时，幼虫开始出蛰，蛀食嫩芽、花蕾。展叶后，吐丝将叶片连缀，形成大的虫苞，食害叶肉，并可转叶为害。幼虫非常活跃，震动卷叶时，幼虫急速扭转身体，从卷叶苞中脱出，吐丝下垂。豫西地区，越冬代至第 3 代成虫分别发生于 5 月上中旬、6 月下旬、7 月中旬、8 月上中旬和 9 月底至 10 月上旬。成虫昼伏夜出，有趋光性，对糖醋的趋性很强，可以诱杀。

4. 防治方法

（1）生物防治。利用成虫的趋化性，诱杀成虫。用红糖 1 份、酒 1 份、醋 4 份、水 16 份混配或用果醋液、酒槽液、发酵豆浆水诱杀成虫；从桃落花后，越冬代幼虫开始卷叶为害时，人工摘除虫苞至越冬代成虫出现时结束；利用成虫的趋光性安装黑光灯诱杀成虫，也可以作为测报成虫发生数量消长的手段。

（2）化学防治。越冬出蛰期及第1代幼虫发生期的防治，是全年防治的关键阶段。药剂可选用24%氯氟氰乳粒剂6 000~8 000倍液、25g/L溴氰菊酯乳油1 500~3 000倍液、10%高效氯氰菊酯乳油2 000倍液、3.2%甲维·高氯水乳剂1 500~2 000倍液等。

六、食心虫

桃蛀螟、梨小食心虫及桃小食心虫是为害桃果实及嫩梢的主要害虫。分布于全国各地，还为害梨、李、杏、樱桃、梅、苹果等多种果树。

1. 形态特征（表7-1）

表7-1　3种食心虫的形态特征

名称	成虫	卵	幼虫	蛹
桃蛀螟	体长12mm，展翅22~25mm，橙黄色，前翅有黑色斑点20余个，后翅有黑色斑点10余个	椭圆形，初期为乳白色，孵化前变为红褐色。卵期6~8d	体长22mm左右，头颈暗褐色，背面淡红色，身体各节有淡褐色斑点数个。幼虫期15~20d	长13mm左右，褐色，腹部末端有卷曲臀刺6个。蛹期8d左右
梨小食心虫	体长约6mm，暗褐色，前缘有10组白色短斜纹，翅上密布白色鳞片	扁圆形，乳白色，半透明。卵孵化前1~2d出现黑点	体长10~13mm，前胸背板及臀板为褐色，体色桃红色。幼虫期13~17d	长约7mm，黄褐色，有光泽，尾端有7~8根尾刺
桃小食心虫	体长5~8mm，展翅13~18mm，全体灰褐色	椭圆形，淡红色，渐变为深红色	体长13~16mm，全身桃红色，腹部、尾端无臀节	体长6~8mm，黄褐色。越冬茧扁圆形，夏茧纺锤形

2. 为害症状（表 7-2）

表 7-2　3 种食心虫的为害症状

名称	为害症状
桃蛀螟	幼虫蛀果，卵产于两果之间或果叶连接处，孵化后，幼虫从果实肩部或两果连接处蛀入果实。每个果可蛀入 1~2 条幼虫，严重可达数条。幼虫有转果蛀食的习性。被害果实由蛀孔分泌黄褐色透明胶汁，并排泄粪便在蛀孔周围（图 7-13）
梨小食心虫	主要为害新梢和蛀果。从新梢未木质化的顶部蛀入，向下部蛀食，梢外部有胶汁及粪便排出，嫩梢顶部枯萎，当蛀到梢木质部位时，即从中爬出，转移到另一新梢为害。桃果被害时，幼虫直接蛀入果核处，在周围串食，排粪便于其中，形成“豆沙馅”（图 7-14、图 7-15）
桃小食心虫	幼虫孵化后，一般从果实胴部啃咬果皮，然后蛀入果内，先在皮下串食果肉，使果面出现凹陷、变形，形成畸形果。幼虫长大后，在果内纵横串食，形成空桃，并排粪于果内，使果实变质腐烂，不能食用。幼虫老熟后，咬孔外出，落地入土结茧越冬

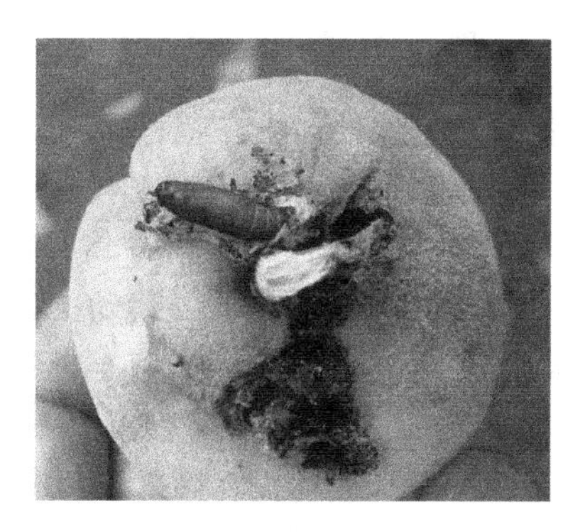

图 7-13　桃蛀螟为害

3. 发生规律

（1）桃蛀螟。该虫在我国南方地区一年可发生 4~5 代，北方

图 7-14 梨小食心虫

图 7-15 梨小食心虫为害

地区可发生 2~3 代。以老熟的幼虫在茎秆、玉米、高粱、向日葵花盘等多种作物中作茧越冬。翌年 4 月化蛹，5 月羽化成虫。此后 6 月下旬、8 月上旬和 9 月上旬至 10 月上中旬（南方），各发生一次。第 1 代幼虫主要在桃树上为害，第 2 代幼虫为害桃的中晚熟品种，部分转移到玉米等其他作物上为害，直至越冬。

（2）梨小食心虫。黄河故道及陕西关中地区一年发生 4~5 代，南方一年发生 6~7 代，以老熟幼虫在翘皮下、树干基部土缝里等处结茧越冬。越冬幼虫一般 3 月开始化蛹，4 月上旬羽化为成虫。在新梢中上部的叶背面产卵，一只雌虫可产卵 20 粒。卵孵化出幼虫，蛀入新梢为害。幼虫期为 13~17d。第 2 代成虫出现在 6 月中

下旬，第3代成虫则出现在7月下旬到8月上旬，第4代在8月下旬至9月上旬，9月中旬开始出现第5代成虫。7月以后有世代重叠现象，即卵、幼虫、蛹、成虫可在同期找到。梨小食心虫一般在雨水多的年份产卵数量多、为害重，干旱年份则较轻。

（3）桃小食心虫。该虫在山东、河北一带每年发生1~2代，以老熟的幼虫做茧在土中越冬。山东、河北越冬代幼虫在5月下旬后开始出土，出土盛期在6月中下旬，出土后多在树冠下荫蔽处做夏茧并在其中化蛹。越冬代成虫羽化后经1~3d产卵，绝大多数卵产在果实茸毛较多的萼洼处。初孵幼虫先在果面上爬行数十分钟到数小时之久，选择适当的部位，咬破果皮，然后蛀入果中，第1代幼虫在果实中历期为22~29d。第1代成虫在7月下旬出现，盛期在8月中下旬。第2代幼虫在果实内历期为14~35d，幼虫脱果期最早在8月下旬，盛期在9月中下旬，末期在10月。

4. 防治方法

（1）建园时远离梨园，不间作或周围不种植向日葵、玉米、高粱、蓖麻等作物。冬前全园翻耕，冬季及时清园。

（2）树盘覆地膜，根据桃小幼虫脱果后大部分潜伏于树冠下土中的特点，成虫羽化前，可在树冠下地面覆盖地膜，以阻止成虫羽化后飞出；发现被梨小食心虫为害的嫩梢后，应及时将桃梢顶部萎蔫叶片剪掉烧毁，桃梢干枯后，幼虫可能已经转移；摘除有虫果实，拾净落果，消灭果内幼虫。

（3）诱杀成虫。利用糖醋液诱杀桃蛀螟成虫；以糖醋液、黑光灯诱杀梨小食心虫成虫；利用迷向膏释放性信息素干扰成虫正常交尾，控制种群数量；在卵发生期每亩放40~50只赤眼蜂，一般4~5d放1次，连续放3~4次，利用天敌消灭梨小食心虫。

（4）土壤处理。在越冬桃小幼虫出土期，即5月下旬至6月上旬，对树冠下的地面进行土壤施药处理，如用24%氯氟氰乳粒剂5 000~6 000倍液直接浇树盘。

(5) 化学防治。在每代成虫羽化和产卵盛期，选用25g/L溴氰菊酯乳油1 500~3 000倍液、24%氯氟氰乳粒剂6 000~8 000倍液、10%高效氯氰菊酯乳油2 000倍液喷药防治，喷药时一定要掌握在蛀虫未蛀入果实之前，才能收到好的效果。

七、潜叶蛾

1. 形态特征

成虫体及前翅为银白色，前翅先端附生3条黄白色斜纹，翅先端有黑色斑纹，后翅灰色，前后翅都有灰色长缘毛；幼虫头小而扁，淡褐色，体扁平、淡绿色；蛹体长3mm，茧扁枣核形、白色，两端有长丝黏于叶上。

2. 为害症状

以幼虫潜入叶肉组织串食。将粪便充塞其中，使叶片呈现弯弯曲曲的白色或黄白色虫道，使叶面皱褶不平。为害严重时，造成早期落叶（图7-16）。

3. 发生规律

每年发生7~8代，以茧蛹在被害叶上越冬。翌年4月成虫羽化，产卵于叶面。卵孵化后潜入叶肉取食串成弯曲的隧道，并将粪便充塞其中，被害处表面变白，但不破裂。幼虫老熟后从隧道钻出，在叶背吐丝搭架，于中部结茧化蛹，少数于枝干结茧化蛹。5月上旬见第1代成虫后，以后每20~30d完成1代，10—11月幼虫于叶面上结茧化蛹越冬。

4. 防治方法

（1）彻底清园。落叶后彻底扫除落叶集中烧毁，消灭越冬蛹。只要清除彻底，可以基本控制其为害。

（2）化学防治。成虫发生期和幼虫孵化期，及时喷施25%的灭幼脲3号1 500倍液、24%氯氟氰乳粒剂6 000~8 000倍液、1.8%阿维菌素乳油3 000~4 000倍液防治。

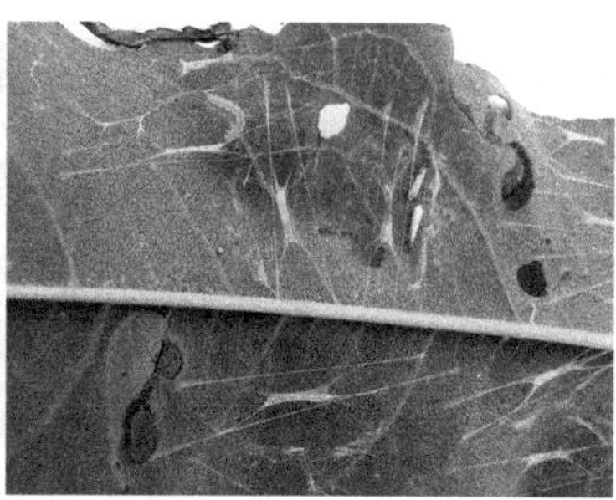

图 7-16　潜叶蛾为害

八、红颈天牛

1. 形态特征

成虫黑色有光泽，前胸背板棕红色，两侧各有 1 个侧刺突。雄虫触角大大长于其躯体，雌虫触角与身体约等长；卵呈椭圆形，乳白色或淡绿色；幼虫黄白色，头部棕褐色，前胸背板为横长方形，前半部横列黄褐色板块 4 个；老熟幼虫体长 42~50mm；蛹为裸蛹，初为黄白色，羽化前变为黑色（图 7-17）。

2. 为害症状

小幼虫在皮层下蛀食，大幼虫钻蛀到木质部内，形成弯曲的蛀

图 7-17　红颈天牛

道。在蛀道上每隔一段距离向外蛀 1 个排粪孔，从中排出虫粪及木屑，堆积在地面或树干上，虫粪为红褐色。初夏为害最重，被害桃树生长衰弱，严重受害的树干可被蛀空，进而导致整树死亡。

3. 发生规律

桃红颈天牛 2~3 年发生 1 代，以幼虫在蛀道内越冬。春季树液流动后，越冬幼虫开始为害。老熟幼虫于 4—6 月间在蛀道内结茧化蛹。蛹期 20~30d，6—7 月出现成虫。成虫羽化后，在蛀道的蛹室中停留 3~5d 后爬出。成虫飞行力不强，白天活动常静栖在树干上，对糖醋液有较强的趋性。产卵于主干、主枝树皮缝隙中及机械伤、流胶和裂皮多的枝干上，往往因重复产卵造成幼虫为害部位集中和发生数量集中，这是红颈天牛幼虫发生的两个最大特点。卵以近地面 35cm 范围内居多。卵期 7~9d，幼虫孵化后先在树皮下蛀食，随虫体增大、蛀入部位逐渐加深。虫体到 30mm 后，蛀入木质部为害，由上向下蛀食，形成弯曲的蛀室，幼虫期长达 23~35 个月，经过 2~3 年才老熟化蛹。

4. 防治方法

（1）人工防治。在成虫发生期及时捕杀，或利用成虫对糖醋液的趋性诱杀。在幼虫发生期，经常检查树干，发现有排粪孔时，用铁丝刺死其中的幼虫。

（2）树干涂白。成虫产卵前，在树干上涂涂白剂可防止成虫产

卵。涂白剂由硫黄、生石灰和水调制成，三者比例为1∶10∶30。在涂白剂中加少量食盐、动物油和豆浆（各为0.2份）能增加黏着性。

（3）虫道注药。发现树干上有排粪孔后，立即清除其粪便和木屑。用注射器注入24%氯氟氰乳粒剂600~800倍液或塞入蘸有氯氟氰菊酯药液的棉球，施药后用黄泥封口。

九、桃白蚧

1. 形态特征

卵，椭圆形，初粉红后变黄褐色，卵孵化前为橘红色；若虫初孵淡黄褐色，扁椭圆形，眼、触角、足俱全，腹部有2根尾毛；雌成虫圆形或椭圆形，介壳白色或灰白色，圆形或椭圆形，背面隆起，中央有一橙黄壳点，虫体淡黄色或橙黄色；雄成虫介壳白色，似长椭圆形小茧，前端有橙黄色壳点，背面有3条隆起线，虫体橙赤，头部稍尖；蛹橙黄色，长椭圆形，仅雄虫有蛹（图7-18）。

2. 为害症状

该虫以群集固定在枝干上为害，以其口针插入新皮，吸食树体汁液。卵孵化后，发生严重的桃园，植株枝干上随处可见片片发红的若虫群落，虫口难以计数。介壳形成后，枝干上密布介壳，枝条灰白，凹凸不平。被害树树势严重下降，枝芽发育不良，甚至引起枝条或整株死亡。此外，一般以二三年生的枝条受害最重，若虫扩散均围绕母体不远。

3. 发生规律

雌虫发生的代数因地而异。我国南方地区一年发生3~5代，北方地区发生2代。以受精雌成虫在枝干上介壳下越冬。越冬雌虫于翌年5月产卵，卵产在壳下，每虫可产卵40~400粒。卵期约15d。若虫孵化后，爬出母壳，在2~5年生枝上固定位置吸食汁液，若虫期为40~50d。羽化后交尾，雄虫死亡。当年雌虫于7月中下旬至8月上旬产卵。每头雌虫可产卵50粒，卵期10d左右，

图 7-18　桃白蚧

孵化后的若虫于 8 月中旬至 9 月上旬羽化，受精雌虫于枝干上越冬。

4. 防治方法

（1）休眠期防治。人工刮除越冬虫体，春季发芽前喷洒 5 波美度石硫合剂。

（2）生长期防治。掌握卵孵化盛期和若虫分散活动期，及时喷施 22.4%螺虫乙酯悬浮剂 3 000~5 000倍液或 25g/L 溴氰菊酯乳油 1 500~3 000倍液等。由于卵孵化期较长，在发生严重的地方要连续喷药 2~3 次，每次间隔 10d。成虫期喷施 24%氯氟氰乳粒剂 6 000~8 000倍液。

（3）保护天敌。保护红点唇瓢虫和日本方头甲寄生蜂等天敌。

十、康氏粉蚧

1. 形态特征

成虫，雌体长 5mm，宽 3mm 左右，椭圆形，淡粉红色，被较厚的白色蜡粉，眼半球形；雄体长 1.1mm，前翅发达透明，后翅退化为平衡棒；卵，椭圆形，长 0.3～0.4mm，浅橙黄，被白色蜡粉；若虫，体扁平，椭圆形，长 0.5mm，淡黄色，体侧布满刺毛，与雌成虫相似；蛹，体长 1.2mm，淡紫色，仅雄虫有蛹。

2. 为害症状

若虫和雌成虫刺吸芽、叶、果实、嫩枝及根部的汁液，受害部位生长发育受到影响。嫩枝和根部受害常肿胀且易纵裂而枯死。幼果受害多成畸形果，被害处常形成失绿斑，不易着色。该虫排泄蜜露，常引起煤污病发生，污染果面，影响光合作用，套袋果尤为严重（图 7-19）。

图 7-19　康氏粉蚧

3. 发生规律

一年发生 3 代，以卵在各种缝隙及土石缝处越冬。桃树萌动发芽时卵开始孵化分散为害，第 1 代若虫盛发期为 5 月中下旬，此虫可随时活动转移为害。6 月上旬至 7 月上旬陆续羽化，交配产卵。

第2代若虫6月下旬至7月下旬孵化，盛期为7月中下旬，8月上旬至9月上旬羽化，交配产卵。第3代若虫8月中旬开始孵化，8月下旬至9月上旬进入盛期，9月下旬开始羽化，交配产卵越冬；雌若虫期35~50d，雄若虫期25~40d。雌成虫交配后再经短时间取食，寻找适宜场所分泌卵囊产卵其中，越冬卵多产缝隙中。

4. 防治方法

（1）保护和利用天敌昆虫，如红点唇瓢虫，其成虫、幼虫均可捕食康氏粉蚧的卵、若虫、蛹和成虫。此外，还有寄生蝇和捕食螨等。

（2）从9月开始，在树干上束草把诱集成虫产卵，入冬后至发芽前取下草把烧毁消灭虫卵。

（3）抓住最佳用药时间防治，在若虫孵化盛期用药，此时蜡质层未形成或刚形成，对药物比较敏感，用量少、效果好。可选择22.4%螺虫乙酯悬浮剂3 000~5 000倍液或24%氯氟氰乳粒剂6 000~8 000倍液+70%吡虫啉水分散粒剂14 000倍液进行防治。

十一、金龟子

为害较重的有苹毛金龟子、大黑金龟子及铜绿金龟子等。

1. 形态特征（表7-3）

表7-3　几种金龟子的形态特征

种类	成虫形态特征	幼虫形态特征
苹毛金龟子	体长约10mm，全体除鞘翅和小盾片光滑无毛外，其余皆密布黄白色细长茸毛，头胸背面紫铜色，鞘翅茶褐色带绿色，半透明，有光泽	老熟幼虫体长约20mm，头部黄褐色，胸腹部乳白色
大黑金龟子	体长16~21mm，黑褐色，有光亮，鞘翅上密布刻点，有纵向隆起线3条，胸部腹面有黄色长毛	老熟幼虫体长约35mm，头部赤色有光泽，胸腹部乳白色，臀板有一群钩状刚毛

（续表）

种类	成虫形态特征	幼虫形态特征
铜绿金龟子	体长 18～21mm，头和前胸为绿色，前胸背板两侧有黄边，鞘翅铜绿色有金属光泽，腹部深绿色，露出部位为黄褐色	老熟幼虫体长 23～25mm，白色，体形较粗大，臀板中央有两排刚毛，四周亦有许多不规则的刚毛

2. 为害症状

金龟子食性杂，能为害桃树的花、叶和果实，对桃树的生长、结果为害极大。幼虫名蛴螬，为害桃树的根部，影响根系的吸收功能，造成树势衰弱，叶片黄化。这几种金龟子的成虫都有假死性，并都有群集为害的特性。苹毛金龟子的成虫出土后先在田埂、地边、河边等处活动，待桃树现蕾开花时再上树为害，为害花器；而大黑金龟子与铜绿色金龟子的成虫一般在傍晚出土，出土后就可上树为害，啃食叶片、果实，遇闷热天气，出土活动尤为强烈。

3. 发生规律

苹毛金龟子 1 年发生 1 代，以成虫在土中越冬。越冬成虫次年 3 月上中旬即出土为害桃树的花，至 5 月初逐渐停止。4—5 月产卵于土中，幼虫 5—6 月发生，8 月化蛹，成虫 9 月羽化后仍蛰伏于蛹皮内，翌春才出土活动。

大黑金龟子与铜绿金龟子以成虫和幼虫于土中越冬。常 1 年发生 1 代。越冬成虫于 4 月中旬至 5 月初开始出土活动，越冬幼虫则于 5、6 月间化蛹并羽化。6—7 月为全年为害最强烈的时期，至 8 月中旬逐渐停止。幼虫 7—8 月间发生。苹毛金龟子无趋光性，而大黑金龟子与铜绿金龟子的成虫有强烈的趋光性。

4. 防治方法

（1）利用金龟子具有假死性的特点，在成虫期早晨或傍晚组织人工捕杀。

（2）利用大黑金龟子和铜绿金龟子具有趋光性的特点，可在桃园内挂黑光灯诱杀。

（3）桃树现蕾期和为害盛期及时喷药保护。可选用24%氯氟氰乳粒剂6 000~8 000倍液、25g/L溴氰菊酯乳油1 500~3 000倍液、10%高效氯氰菊酯乳油2 000倍液等药剂防治。

（4）幼虫防治。每亩用24%氯氟氰乳粒剂500g拌细土撒施或兑水灌根。

十二、大青叶蝉

1. 形态特征

成虫，黄绿色，头部正面淡褐色，两颊微青，在颊区近唇基缝处左右各有一小黑斑。触角窝上方、两单眼之间有1对黑斑；卵，长卵形，稍弯曲，一端稍尖，黄白色，10余粒排列成卵块；若虫，体绿色，胸、腹背面具褐色纵列条纹。

2. 为害症状

若虫及成虫在叶片背面刺吸汁液，在花期为害嫩叶、花萼和花瓣，受害部位出现分散的失绿小白点，严重时全叶变成白色，引起早期落花，影响树势及花芽分化。成虫在秋末产卵于桃树幼龄枝条的皮层内，呈月牙状，受害枝条遍体鳞伤，常因大量失水而引发抽条，同时易引发病害。大青叶蝉是幼龄桃树的主要害虫，必须引起足够重视（图7-20）。

3. 发生规律

大青叶蝉在北方一年发生3代，以卵在桃树幼龄枝条表皮下越冬，翌年4月孵化。若虫孵化后，开始对桃树、杂草、蔬菜等农作物群集为害，5—6月出现第1代成虫，7—8月出现第2代成虫，10月中旬开始向桃树上迁移产卵。每雌虫产卵300余粒。

4. 防治方法

（1）消灭越冬卵。对产卵多的桃树，可用小木棍将树干上的卵压死。

（2）树干涂白。秋后成虫产卵前，在树干上涂涂白剂，阻止产卵。

图 7-20　大青叶蝉为害叶片

（3）化学防治。成虫为害期和产卵期，喷施 24%氯氟氰乳粒剂6 000~8 000倍液、25g/L 溴氰菊酯乳油1 500~3 000倍液、10%高效氯氰菊酯乳油2 000倍液等药剂防治，发生严重时可一起加入70%吡虫啉水分散粒剂14 000倍液进行防治。

（4）黑光灯诱杀。在成虫期，利用黑光灯诱杀，可以大量消灭成虫。

第四节　桃树生理性病害及防治

一、裂果

1. 症状

桃裂果主要有纵裂和横裂两种类型，纵裂是沿腹部缝合线从果顶裂到基部果柄处，或两边对裂。横裂是在腹缝线的两边开裂或是在果柄与果实相连的地方开裂（图 7–21）。

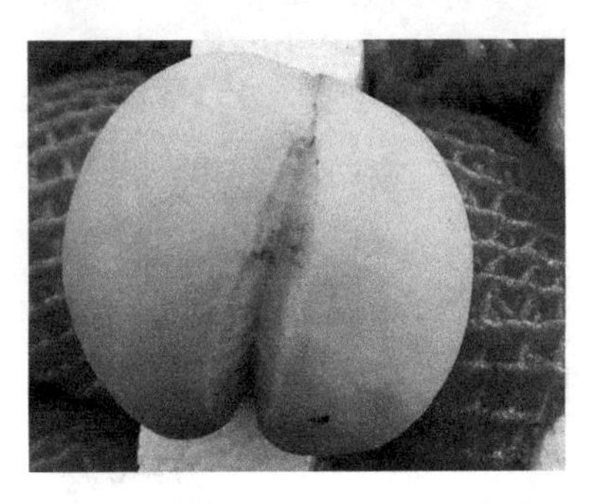

图 7–21　桃裂果

2. 发生原因

桃裂果病的发生程度和品种、土壤状况、水肥情况有关。晚熟桃发病较重，如寒露蜜、映霜红等品种；土壤中有机质含量少、通透性差、旱涝不均、氮肥过量、果实缺钙等均易导致桃裂果。桃裂果病主要发生在果实第二次膨大期，多是由于水肥不均引起的。天气长时间干旱，忽降暴雨或给桃园灌大水，桃树大量吸水后，果肉膨大速度快于果皮膨大的速度，果汁渗透压增高，从而引起裂果。

3. 防治方法

（1）加强桃园地面管理，改良土壤，起垄栽培，增施有机肥，补充优太中微量元素，进行全营养平衡施肥。

（2）桃园水分适量供应，果实第二次膨大期补充钙肥，避免大水漫灌，做好雨季排水。

（3）进行果实套袋。

二、裂核

1. 症状

桃裂核属于生理性病害，桃裂核的现象主要发生在硬核期（图 7–22）和果实膨大前期，裂核果会出现核仁发霉、缝合线变软，使果实失去商品价值。裂核的桃由于没有了桃仁调配养分，不能正常成熟，果显的大而轻或早期脱落，严重时裂口从果柄着生处开裂。沿裂核果中线掰开，果肉带丝状果胶，肉质松软，细胞间隙大，味淡，水分少，甚至带苦涩味（图 7-23）。

图 7-22　桃硬核期裂核

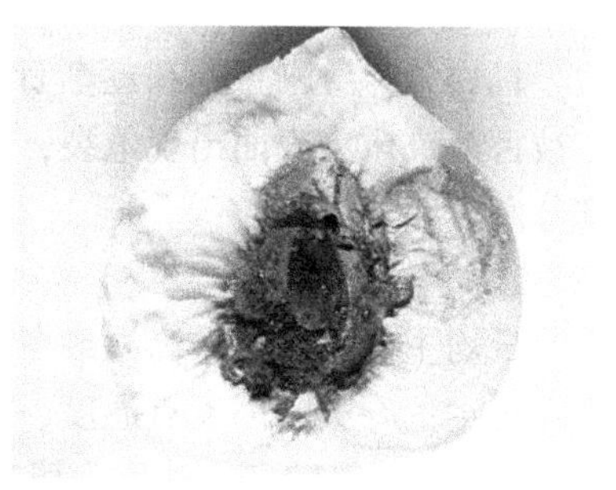

图 7-23　桃裂核

2. 发生原因

引起裂核的原因很多，如冬季花芽冻害或花期花的冻害，养分、温度、水分的急剧变化，硬核期以前持续低温过多、旱涝不均、氮肥过量、土壤透气性不良、钙元素缺乏等原因都能引起裂核。果实膨大前期水肥不均，偏施氮肥，或使用了劣质的水溶肥，使果实膨大过速，果个越大，越容易引起裂核。

3. 防治方法

（1）起垄栽培，树干涂白，加强肥水管理，防止过量施肥（特别是硝态氮肥），增施有机肥，适量补充优太中微量元素，增强树势，提高花芽抗冻能力。

（2）花期前后低温来临前，采取熏烟、浇水等措施预防低温冻害。

（3）硬核期前，稳定肥水供应，叶面喷施泰盖、沃生、果蔬钙等优质钙肥，提高果核细胞的紧密度。

（4）果实膨大期肥水均衡供应，补充优太中微量元素，培养健壮中庸树势，少用或不用含硝态氮的肥料，促进果实稳定健康生长。

三、日灼

1. 症状

日灼分为急剧日灼和逐渐日灼2种。成龄树一般是逐渐日灼，在被害部位树皮表面出现龟裂，表皮枯死，最终导致韧皮部和木质部分离。

2. 发生原因

日灼主要是由夏季高温或冬季温差巨大导致细胞死亡引起的生理障碍。主要影响因素有温度、土质和光照强度等。温度高的7—9月日灼出现得较多；沙质土壤的桃园发生日灼的频率最高，黏质土壤发生较少；自然开心形树形正北方向枝条和东北方向枝条发生较严重；冬季昼夜温差较大时，致使枝干朝阳面表皮细胞死亡，造成日灼。

3. 防治方法

（1）选择合理树形，培养健壮树势，在枝干上留出小的枝条以遮挡阳光。

（2）秋末冬初，树干涂白，减少枝干部位受阳光直射，防止昼夜温差急剧变化。

四、果实异常早熟

1. 症状

桃果采收前2~4周，在缝合线上端提早着色，比健全部位早成熟、早软化。有时迅速膨大生长后，像瘤子一样凸出来。

2. 发生原因

桃果（特别是缝合线部位）发生氟的异常积累，产生大量的乙烯，从而导致果实异常早熟。另外，在桃果上喷施乙烯利或含乙烯利的叶面肥时，也可出现类似症状。

3. 防治方法

（1）秋施基肥时，补充优太中微量元素。

（2）硬核期稳定肥水供应，并喷施33%泰盖2 000倍液、果蔬钙肥1 000倍液或沃生中量元素水溶肥2 000倍液，连喷3次，每次间隔10~20d。

（3）果实膨大期稳定肥水供应，少用或不用含硝态氮的肥料，追施优太中微量元素或冲施康比钙硼、康贝八合一等，促进果实稳定健康生长。

五、桃树黄叶病

1. 症状

主要表现在新梢的幼嫩叶片上。开始叶肉先变黄，而叶脉两侧仍保持绿色，致使叶面呈绿色网纹状失绿。随病势发展，叶片失绿程度加重，出现整叶变为白色，叶缘枯焦，引起落叶。缺铁严重时，新梢生长不良，发枝力弱，花芽不饱满，严重影响产量和品质（图7-24）。

2. 发生原因

从目前我国土壤的含铁量来说，一般桃园土壤并不缺铁，但是在土壤pH值大于7.5以上的盐碱土，叶片黄化现象表现比较普遍。另外，桃园内涝、土壤黏重、透气性差、根系呼吸作用弱或土壤中镁、锰元素过多等均能降低树体对铁元素的吸收能力，导致桃树缺铁。

3. 防治方法

（1）对于碱性土壤，应多施有机肥、生物菌肥或酸性肥料以降低土壤pH值，促进桃树对铁元素的吸收利用。

（2）缺铁严重的桃园，基施15%大力铁缓释螯合铁或18%大力铁钙缓释螯合铁钙肥3~4kg/亩；喷施易吸收的螯合态铁肥，如13.2%备混铁2 000~3 000倍液、12%速补1 500~2 000倍液、禾丰铁1 000倍液等。

图 7-24 桃树黄叶病

（3）深翻改土，增施有机肥，增强土壤透气性，防治根部病虫害。

（4）起垄栽培，挖好排水沟，雨季及时排水，解决桃园的内涝问题。

第八章　整形修剪技术

整形就是使桃树具有一定的骨架结构，树体主次分明，能合理利用空间，充分利用光能，达到优质高产的目的；修剪是调控树体的生长和结果，使其符合桃树生长发育的习性、栽培方式和栽培目的的需要。整形是通过修剪技术完成的，通过修剪可维持桃树的树体结构，达到营养生长和生殖生长的平衡，实现早果、丰产、稳产、优质和降低成本的目的。桃树生长旺盛，发枝力强，属于喜光树种，要求有充足的光照才能健康生长。如不进行整形修剪，放任生长，则树体高大，枝条郁闭，内膛光秃，结果部位外移，果实品质变差，产量降低。

第一节　桃树整形修剪的依据和原则

一、桃树整形修剪的依据

1. 根据品种特性进行整形修剪

不同的桃树品种其生长习性不同，有的生长势强，有的生长势弱，有的树姿直立，有的树姿开张，不能采取完全一样的整形修剪方法。对于生长旺盛、树姿直立的品种，修剪上要注意开张角度，轻剪长放，缓和树势；对于生长较弱、树姿开张的品种，修剪上要注意抬高主枝角度，适当短截，增强树势。

2. 根据树龄和长势进行整形修剪

要依据树龄和生长势及栽植方式不同决定修剪方法，在桃树的不同年龄时期，生长结果的表现不同，对整形修剪的要求也不一样。幼树和初结果树生长旺盛，应以长枝修剪为主，修剪宜轻，缓和生长势，尽快形成目标树形，为优质丰产打好基础。盛果后期生长势偏弱，修剪上适当进行短截和回缩，以增强树势，延长结果年限。中密度和稀植栽培的桃树，生长空间较大，宜采用开心形，修剪以短截和回缩为主，使树冠向四周扩展。高密度栽植或设施栽培的桃树，空间较小，应采用“Y”形，修剪以疏枝和缓放为主。

3. 根据修剪反应进行整形修剪

桃树修剪后，植株的反应是生长结果特性在一定的自然条件下的表现。修剪反应要从两方面看，一方面要看局部反应，观察具体修剪方法对局部抽生枝条、花芽形成、结果多少、果实大小的变化；另一方面要看整株反应，如树势、新梢生长量和全株枝梢充实程度等。通过详细观察修剪反应，明确修剪是否恰当正确，以不断改进修剪技术，从而达到良好的效果。

4. 根据立地条件进行整形修剪

南方春季多阴雨地区和栽植在温暖多雨、土壤肥沃地区的桃树，长势旺盛，树体高大，短截过重易徒长，应采用大树形，轻剪为主，对结果枝采用疏枝和长枝修剪技术。反之，北方春季多干旱地区和栽植在干旱冷凉、土壤瘠薄地区的桃树，生长势弱，树体矮小，应采用小树形，修剪量可适当加重，对结果枝可以采用短截、疏枝和缓放相结合的修剪手法。

5. 根据栽培技术水平和栽培目的进行整形修剪

以生产鲜食桃为目的桃园，要求果实个头大、颜色好，因此，在修剪上要严格细致，各类果枝要配置均匀，并要保证树冠通风透光；以生产加工桃为目的黄桃品种，修剪时可适当多留果枝，减少光线射入，防止桃果着色，以满足加工的需要。

二、桃树整形修剪的原则

整形修剪是桃树生产管理中一项重要的栽培技术措施。要达到预期的目的，需要遵循一定的基本原则。

1. 因树修剪，随枝造型

因树修剪，随枝造型这是果树整形修剪的总原则。因树修剪就是要从桃树的整体来考虑，即桃树的品种、树龄以及树势等整体因素，从整体着眼，来确定最为合适的修剪方法，使局部修剪措施发挥应有的效果。而随枝造型意思就是按照桃树局部长势、枝量、枝类等因素来进行分析，对局部的整形修剪。简单来说就是整体和局部的相结合，在桃树整形时尽可能使树体达到树形的结构要求，但在具体操作时，要根据树相，随树就势，因势利导，诱导成型，决不能不考虑树体具体情况，不顾后果，一味地机械做形。

2. 有形不死，无形不乱

有形不死，无形不乱其意思是要根据桃树树形的实际情况来灵活处理，不能生搬硬套修剪理论，死扣那些尺寸。另外，一定要使树冠符合桃树的树体结构基本要求，不能够主从不明，枝条紊乱，而导致桃树郁闭。其实质是：桃树修剪既要遵循一定的原则，又要灵活掌握，不拘泥于形式。要达到高产、优质、高效，就必须根据树体的生长发育特性采用合理的树形。

3. 统筹兼顾，长远规划

幼树期的整形修剪，对于能否实现早期丰产、优质高效、延长盛果期等有重要影响。幼树期修剪，要做到轻剪长放，快速成型，在长好树冠的前提下，尽早进入结果期；在盛果初期，适当轻剪多留枝，不仅有利于长树，扩大树冠，而且还可以缓和树势，提早结果，实现早期丰产。盛果期修剪，也要做到生长、结果两平衡，在多结果的同时，维持一定的生长量，延缓衰老，增长结果年限。

4. 以轻为主，轻重结合

修剪时以轻剪为主，即尽可能减少修剪量，减轻修剪对桃树的整体抑制作用。而轻重结合，就是在全树轻剪为主，增加总生长量的基础上，对某些局部则需根据整形和结果的需要，进行重剪的控制，形成丰产的树形结构。现代桃树整形修剪的发展趋势是以轻剪或极轻剪为主的简化修剪，所有桃树的修剪方法接近统一。对幼树

采用轻剪长放可以缓和树势，提早结果，实现早期丰产；对衰老树要采用回缩更新，利用背上和斜背上结果枝，延长结果年限。

5. 均衡树势，主从分明

保持主枝延长枝的生长优势，主侧枝从属关系分明，主枝的角度要比侧枝小，生长势比侧枝强，避免出现“喧宾夺主”的情况，维持树体均衡生长，避免出现上强下弱或下强上弱等现象。如果骨干枝之间长势不平衡，就不能充分利用空间，导致树体偏冠，产量降低。要采取多种手段，抑强扶弱，达到各骨干枝均衡生长的目的。

6. 四季调整，重在生长期修剪

桃树的芽具有早熟的特性，易发副梢，如不及时修剪，易导致树体上强、树冠郁闭、生长失衡、树形紊乱。因此，除在冬季修剪外，在生长季还应多次修剪，灵活运用抹芽、摘心、疏枝、拉枝、回缩等修剪手法，重点疏除过密枝、徒长枝、多头枝和病残枝，减少营养浪费，提高光合效能。

第二节　桃树修剪时期、方法及其作用

一、桃树的修剪时期

桃树的修剪一年四季均可进行，根据修剪时期划分可分为休眠期修剪和生长季修剪。不同修剪时期，修剪任务不同，采用的方法也不一样。

1. 休眠期修剪

桃树的休眠期修剪从秋季落叶开始，到翌年萌芽结束，长达130~150d。在整个休眠季节中，修剪时间越晚越好，一般以接近萌芽期树液流动后最适宜。修剪时间过早，伤口易失水干枯，剪口易侵染病菌，影响新梢生长，产生病虫害；修剪过晚，养分流失过多，削弱树势，影响开花坐果。这一时期的主要修剪任务是调节营

养生长和生殖生长的平衡，培养丰产树体结构和结果枝组，增强树体通风透光，为优质丰产打好基础。修剪的部位，主要是一年生枝条和低龄多年生枝，多应用短截、疏枝、缓放和回缩等修剪方法。

2. 生长季修剪

生长季修剪是桃树快速成型，实现早结果、早丰产的关键性技术措施，特别是进行“Y”形修剪的桃树，栽植当年6月底就要选留好两主枝，并插细竹竿进行两主枝夹角的固定。生长季修剪可以调节树体的发育速度，充分利用桃树芽的早熟性，实现一年多次抽枝快速成型，减少无效生长及改善光照条件，缓和树势，促进花芽形成等。常用的夏季修剪手法有抹芽、疏枝、摘心、拿枝、拉枝等。生长季修剪既是一个季节性强的技术，又具有长期性。

二、桃树常用的修剪方法及其作用

1. 短截

将当年生枝条剪去一部分称为短截。短截的作用是减少被短截枝条上的叶芽数量和花芽数量，加强被短截枝条抽生新梢的生长势，降低发枝部位，增加分枝能力。短截对刺激局部生长的作用较大，但短截过多或过重时抑制树冠的扩大，减少同化物的合成量，抑制花芽的形成，同时也削弱根系的生长。根据短截程度，可分为轻短截、中短截、重短截和极重短截。

2. 疏枝

将枝条从基部完全疏除叫疏枝。疏枝可降低树冠内的枝条密度，改善树冠的通风透光条件，使树体内的贮藏营养得到集中，促进新梢生长。另外，疏枝会在枝干上产生伤口，由于伤口的作用，对伤口以上部分起到抑制作用，对伤口以下起到促进作用，即“抑前促后”。疏枝时由于疏掉的枝条类型不同，所起到的作用也不同。常用于过密枝、过弱枝、徒长枝和枝干比不合理枝的疏除，可在平衡树势、调整枝量时应用，有利于花芽分化和果实生长发育。生长季疏枝对于改善光照、促进果实着色、提高花芽质量和减轻病虫害的发生有重要作用。

3. 摘心

生长期剪去新梢顶部的幼嫩部分叫摘心。摘心能促进芽的充实，有利于花芽形成。早期摘心在5月中下旬进行，可促进营养向果实转移，增加果实细胞分裂数目，促进分枝，增加枝叶量。后期摘心可在7—8月进行，目的是抑制生长，促进花芽分化和中晚熟桃果实膨大。

4. 抹芽

当芽体膨大，芽尖呈绿色或刚发出时，抹去无用的芽，以减少营养消耗，省去以后的修剪。主要抹掉整形带以下的芽、树冠内膛的徒长芽和剪口下的竞争芽，主要作用是节约养分，促进发芽开花整齐，提高坐果率。

5. 回缩

回缩是指对多年生的枝（组）进行回剪，又称缩剪。回缩能减少枝丁总长度，使养分和水分集中供应给保留下来的枝条，促进下部枝条的生长，对复壮树势较为有利。回缩多用于培养和改造结果枝组、控制树冠高度和树体的大小、平衡从属关系等。其作用在于改善树冠内光照条件，降低结果部位，改变延长枝的延伸方向和角度，控制树冠，延长结果年限。但回缩不要过急，应逐年进行，并忌造成大伤口，以免影响愈合，削弱树势。

6. 拉枝

拉枝是用绳子把枝条拉向所需的方向或角度。一般拉枝用来缓和生长势，打开光照，促进营养生长向生殖生长转化。拉枝常用于幼树整形，以培养合理的树冠骨干枝，平衡各主枝长势，促进花芽分化。拉枝时，注意掌握好拉枝部位和拉枝角度，以防拉成“弓”形。

7. 长放

对一年生枝不剪，任其自然生长称为长放或缓放。长放可使枝条上保留最多的芽量，缓和下一年新梢的生长势。对生长势过强的

徒长性结果枝或长果枝进行长放，可增加结果量；对生长势过强的营养枝进行长放，可削弱顶端优势，促进中短果枝的形成。

8. 拿枝

用手将枝条软化，使之水平或下垂称为拿枝（捋枝）。作用是抑制生长，促进成花。要求能听到新梢被折的响声，但不能折断。拿枝可以加大新梢的角度，控制新梢的生长，促进花芽的形成。

第三节　桃树常用的树形及修剪技术

过去桃树树形结构一般由主枝、侧枝、结果枝组构成，现在桃树的树形结构已经简化，主枝上直接着生结果枝（组），省掉了侧枝。这种简化的整形修剪模式已经在我国高密度栽培和设施栽培上普遍应用，适合机械化作业和标准化生产。简化修剪是桃树标准化的基本要求，也是桃树整形修剪的发展趋势，过去在桃树上逢枝必剪的冬剪模式和重视冬剪轻视夏剪的缺陷已被人们认识。近年来，广大桃农通过实践已经认识到了四季修剪、轻剪长放、以疏为主等简化修剪技术的重要性，并很快应用于生产实践过程中。

我国桃树栽植密度从每亩 44 株（株行距 3m×5m）至每亩 333 株（株行距 1m×2m）都有，树形也是多种多样。除了传统的自然开心形外，还有主干形、一边倒、“Y”形等树形。过去相当长的一个阶段，我国桃树主要采用的树形为三主枝开心形，存在配套技术不到位、内膛挡光严重、树体内外果实品质不一、枝干日灼发生较多的缺陷。近年来，在国家桃产业技术体系的主导下，进行了开心形、“Y”形、主干形、一边倒、两边倒等树形的对比试验。经试验，适于桃树标准化密植栽培的树形，首选“Y”形。不管是应用哪一种树形，其核心是树形要与栽植密度相配套，目标是树体成型后“树冠没有无效区、树上没有无效枝、枝上没有无效叶”（图 8-1 至图 8-3）。

图 8-1　开心形

图 8-2　“Y”形

图 8-3　“Y”形整形

一、三主枝开心形

1. 三主枝自然开心形

该树形适于 3m×5m 以上株行距的栽培园。该树形主枝头少，侧枝强大，骨干枝之间距离大，光照好，枝组寿命长，修剪量大，结果面积大、丰产。但是，在整形修剪方面处理不得当，容易出现内膛郁闭、从属关系不明确、结果部位外移、内外品质不一、主枝背上部日灼严重等问题。

（1）树体结构。主干高 30~40cm，树高 3m，三主枝在主干上下错落着生，平面角度 120°。三主枝按 1~3 的顺序依次开张角度为 40°~45°、40°、30°~35°，每一个主枝上着生 3 个侧枝。北方地区三主枝应避免在正北方向，以免主枝背部日灼。该树形在整形时应注意第一、第二主枝邻近，第二、第三主枝邻接，这是因为桃树三主枝错落着生时，第一主枝易旺，第三主枝易弱，主枝间生长时往往不平衡。

（2）整形要点。定植桃苗当年春季萌芽前定干，主干高度 30~60cm 为整形带，整形带外的新梢全部抹除。对整形带内发出的新梢，长到 30cm 左右时按树形要求选出 3 个生长强旺、方位合适的新梢作为主枝，对其余的新梢进行摘心。对角度、方向不合适的主侧枝，在 6 月可通过拿枝进行方向调整，对三主枝斜插立竹竿诱导。对延长头上的竞争枝和背上强旺副梢及时进行摘心，保持三主枝直线单轴延伸，而且延长头前部 30cm 内无旺梢。冬剪时对选定的三主枝留 60cm 短截，不够 60cm 时在饱满芽处剪截，对背上和背下枝全部疏除，侧生枝尽量多留，不要短截，对枝干比超过 3：1以上的侧枝进行重短截，重新促发分枝。

翌年春季，当三主枝延长头新梢长到 50~60cm 时摘心，促进萌发副梢。在主枝基部以上 60~80cm 处的斜向下生长的副梢中选留第一侧枝，采用拿枝软化、摘心换头等办法使侧枝开张角度大于主枝开张角度。及早疏除内膛的徒长枝，其余枝条生长到 15cm 时留 3~4 片叶尽早摘心，对强旺枝连续摘心可培养成枝组。冬剪时要确保最大树冠，除主枝和侧枝延长头在饱满芽处短截，其他枝条一般不短截。

第三年要在每个主枝的第一侧枝 50~60cm 处对侧培养第二侧枝，在第一侧枝 120cm 处同侧培养第三侧枝，树形基本完成。夏季修剪主要是对主侧枝上的新梢通过摘心，促其多发枝，形成结果枝组，并保持一定的层间距以利通风透光，促进花芽分化，同时尽量扩大树冠。冬剪时，为培养健壮完整的骨架，对主侧枝延长头短截，其他枝条尽量轻剪，多保留结果枝组和结果枝。

2. 三挺身开心形

三挺身开心形适合于定植株行距为 3m×（4~5）m、亩栽 44~55 株的桃园。三挺身开心形主干高 40~60cm，3 个主枝，接近轮生，通过拉枝向外展开，基角为 30°，梢角 35°。主枝上直接着生结果枝或结果枝组。侧枝通过拉枝呈水平方向，距地面不低于 70~80cm，在主侧枝上选留大、中、小型结果枝组。桃树采用三挺身开心形，丰产早，成形早，抗衰老，后劲足。3 年生树冠径可达 3m，基本成形，盛果期亩产量可达 2 500~3 000kg。这种整形方法充分发挥了桃树 2~3 年生长旺盛及 1 年多次生长的特性。该树形主枝生长势强，侧枝平伸，枝组易旺不早衰。一般桃树整形长期存在上强、结果部位外移的问题，“三挺身”树形是在最易上强的 2~4 年培养中下部的结果枝组，所以有效地抑制了上强。

二、主干形

主干形栽培是一种高密度栽培模式，适用于株行距为（1~1.5）m×（2~3）m 的高密园（亩栽 148~333 株）。

1. 树体结构

一株树只有 1 个直立的永久性主干，干高 40~50cm，树高 2.5~3m，主干直立，其上直接培养小主枝，主枝上直接结果。主枝角度开张至 85°~90°，冠径控制在 1m 左右，主枝间距 20~

30cm，在主干上螺旋排列，插空均匀分布。主干上的主枝全都为临时性结果枝，结了桃的枝冬剪时就疏除，让当年长出的健壮新梢作为下年的结果枝。其优点是树体结构简单，整形容易，骨干枝级次低，营养集中，早果丰产。缺点是由于株行距过密，下部果实见光少，果实品质差，树体易上强。

2. 整形要点

（1）定植当年的整形。成品苗定植后立即将所有分枝疏除，芽苗选饱满芽定干，定干高度60~70cm，保留第1芽留作中心干延长枝，抹去剪口下2~4芽。定植后立即插立竿扶直苗木，竿高不低于2.5m，将苗子中心干绑缚在立竿上，随着树的生长，每50cm绑缚一次，使苗子直立。绑缚时用“8”字绑法。要经常检查下部绑缚的绳子，以防勒进主干造成流胶而影响桃树生长。抹除主干上离地面20cm的芽子。主干上其他芽子萌发的枝条达到50cm长时，从基部拿枝，使其下垂，促进成花。冬季修剪主要是疏除较粗大枝、过密枝和病残枝，无花枝留2~3芽短截。

（2）定植翌年的整形修剪。春季萌芽时，对主干延长枝留饱满芽进行短截，剪留长度80~100cm，抹去剪口下2~4芽。从主干延长枝基部开始，每隔20cm左右选留不同方位的枝，对已有的小主枝轻短截促发分枝，各小主枝呈螺旋状分布。夏季根据生长情况继续对小主枝进行拉枝，注意控制背上枝的生长。冬季修剪主要是疏除较粗大枝和过密枝，无花枝留2~3芽短截，对于有分枝的有花枝条，应根据周围空间回缩或疏除，保持主枝间距20cm左右。

（3）第三年的整形修剪。第三年春季，树体已经达到了预定高度2.5m，主干延长枝可不短截，主干上继续促发分枝，夏季进行拉枝、摘心。冬季修剪主要是疏除较粗大枝、过密枝和病残枝，无花枝留2~3芽短截，对于有分枝的有花枝条，应根据周围空间回缩或疏除，保持主枝间距20cm左右。

总之，幼树期要扶直中干，结果后要防止上强下弱。冬剪应以疏为主，少用短截，下部可选留中长结果枝（40~50cm），上部可选留细短结果枝（30cm 左右）。总的修剪原则是：去粗留细、去直留斜、去长留短、去老留新，单株留枝量可根据目标产量灵活确定，成龄树一般每株选留结果枝 40~60 个。

三、“Y”形

“Y”形是一种高密度整形模式，适合于株行距为（1.5~2）m×（4~5）m、亩栽桃树 66~110 株的桃园。该树形具有简单易学、省工省力、树形规范、方便机械辅助作业等优点。

1. 树体结构

该树形是密植桃园的主要树形，是桃树标准化栽培的首选树形。这种树形的干高为 40~50cm，树高 2.5~3.0m，全身只有两个主枝，两主枝间的夹角为 45°~60°。主枝单轴延伸，主枝上不留侧枝，直接着生结果枝或结果枝组，每 20cm 保留 1 个。修剪时，该树形多采用长枝修剪技术。同时，要及时处理竞争枝，确保主枝单轴延伸，从属关系分明，沿行看群体结构呈“Y”形。“Y”形树冠透光均匀，果实分布合理，利于优质丰产。

2. 整形要点

（1）当年，定植成品苗，定干高度为 50~60cm。6 月底，新梢长至 30~40cm 时，选留 2 个生长健壮、长势一致、伸向行间的新梢作为主枝，交叉插细竹竿固定好夹角，将两主枝绑缚在竹竿上，随长随绑。主枝单轴延伸，保持主枝延长头生长优势，生长过程中要及时疏去竞争枝、主枝背上的直立枝，对保留下来二次枝进行拿枝或摘心处理，新梢的长势也要适当控制，不能超过主枝，保持主枝延长头的生长优势。同时，一定要防治好梨小食心虫，防止梨小食心虫钻蛀主枝延长头，以免造成两主枝生长不平衡。冬季修剪时，两个主枝延长头在饱满芽处短截，其余枝条去强留弱，去直留斜，尽量保留小枝，保持主枝角度和生长势。

（2）翌年春季萌芽后，及时抹去主枝背上的双生枝和过密枝，保留剪口下第 1 芽作主枝延长枝，加强肥水，促发副梢。副梢萌发

后，应及时疏除直立枝、徒长枝和过密枝，对斜生枝进行拿枝处理。冬季修剪时，在主枝延长头饱满芽处短截，疏除直立枝、徒长枝、回头枝、病残枝和过密枝，其余枝条长枝修剪，疏除或短截多余的发育枝。

（3）桃树定植后第三年，树体骨架结构基本形成。修剪时仍应注意冬、夏修剪结合，促进早期丰产。春季发芽后，及时抹去双芽枝和密生枝，5—6月间，疏除过多新梢，使同侧新梢基部保持20cm左右的间距。斜生枝、侧生枝应控制旺长，直立徒长枝应及时疏除，其余新梢缓放生长。冬季修剪时，疏除直立枝、徒长枝、回头枝、病残枝和过密枝，其余枝条长枝修剪，疏除或短截多余的发育枝。

3. 桃树“Y”形修剪要做到三个到位

（1）二主枝培养到位。幼树以培养树形为主，干高40~50cm，定干高度50~60cm。选择两条生长势好、枝芽饱满、方向正的枝条做二主枝，通过支、拉、坠等方式将主枝夹角固定在45°~60°。要求二主枝长势均衡，可用换枝头、留果量、留枝量调节。

（2）结果枝组培养到位。主枝上不留侧枝，只培养结果枝或结果枝组，每20cm左右培养1个。待到盛果期，如枝组过密，可适当疏除部分枝组。主枝基部可适当培养1~2个大的枝组，离延长头愈近，枝组愈小，靠近延长头，只留结果枝。

（3）结果枝留到位。大枝组留2~4个，中小枝组留1~2个，其他的保留20~60cm的中庸结果枝。枝组与枝组之间的间隙，可留短果枝和花束状果枝。

第四节　桃树整形修剪的方法和要求

一、桃树枝梢更新方法

1. 单枝更新

单枝更新是把结果枝按负载量留下一定长度短截，在结果的同时抽生新梢作为预备枝，冬剪时选留靠近母枝（二年生的结果枝）基部发出的发育充实的枝条作为结果枝，余下的枝条连同母枝全部剪掉，选留的结果枝按结果枝修剪的要求长放或短截。单枝更新修剪简单地说，即是在同一个枝上“长出去剪回来”，每年利用比较靠近基部的新梢短截更新，这种周而复始的修剪就是单枝更新方法，是当前生产上广为应用的方法。

2. 双枝更新

双枝更新是在同一个母枝上，在近基部选留两个相邻近的结果枝，上枝按结果枝修剪的要求短截，当年结果；下枝仅留基部两个芽短截作为更新母枝，抽生两个新梢叫更新枝。当年结果的上侧枝，到秋季已完成结果任务，冬剪时剪掉，而下侧的更新母枝长出的两条更新枝，当年形成花芽而成为结果枝，这两条枝中的上侧枝再按结果枝修剪要求短截，下侧枝仍然是留两个芽短截作为更新母枝。如此每年利用上下两枝分别作为结果枝和预备枝的修剪方法叫双枝更新修剪。

二、桃树长枝修剪技术

桃树传统的冬剪方法是以短截为主，需做到枝枝动剪，技术应用复杂，费工费时。树体上部外围易发旺枝造成树冠郁闭，结果部位外移，树体通风透光不良，影响坐果、产量和品质，树冠内膛和下部易光秃，很难进行更新。桃树长枝修剪是以疏枝、回缩和长放为主的修剪方法，具有简单易学、成花容易、冠内光照好、果实品质高、省工省时等优点。

1. 长枝修剪的优点

长枝修剪与以短截为主的传统修剪相比，具有以下优点。

（1）大幅度提高早期产量。对盛果期以前的幼龄桃树采用长枝修剪后，能明显减少新梢生长量，降低徒长枝和发育枝比例，加快枝类转化，迅速增加总枝量，缓和树势，容易形成质量良好的花芽，提前1~2年进入结果期和盛果期，可大幅度提高早期产量。

（2）显著提高果实品质。长枝修剪的留枝量相对较少，仅有传统修剪量的50%~60%，可明显改善树体通风透光条件，增加叶片的光合面积，提高树体营养水平，从而显著提高果实品质。据试验，长枝修剪可使果实着色提早5~7d，着色果率和全红果率分别提高18%和23%，果实可溶性固形物含量提高1%~1.5%，同时还能大幅度提高坐果率。

（3）技术简易，省工省时。长枝修剪技术简单，容易掌握，可大幅度减小修剪劳动量，提高劳动生产率，省工省力。

2. 长枝修剪技术要点

冬季修剪时，对幼树在主枝延长头饱满芽处短截，对成年树主枝延长头采用旺枝带头，延长头顶端30cm以内的所有枝条全部疏除，单轴延伸。主枝上要疏除一些低矮的、下垂的、过密的、病残的、粗度比不合适的枝条。每20~25cm保留1个长果枝，同侧枝条之间的距离一般在40cm以上，重点采用长放、回缩和疏除的修剪手法。对主枝上1年生结果枝的剪留部位应尽量靠近主枝选留，以降低结果枝级次。尽可能使用从主枝上或多年生枝基部发出的新梢来更新、培养枝组。对保留下来的长果枝实行长放，翌年在中上部选留果实，果枝压弯下垂或通过捋枝、曲枝等措施压低结果部位，使其后部抽生长枝，选留1个由果枝基部发出的健壮新梢作为更新枝培养，其余新梢尽早抹除。冬剪时疏除已结果的枝，长放更新枝。修剪完成后，每亩留4 000~6 000个长果枝。

3. 应用长枝修剪应注意的问题

（1）长枝修剪的花芽留量较多，应及时疏花、疏果，调整负载量，以维持长果枝连续结果能力和健壮的树势。一般品种，每20~25cm留1个果。另外，树体上部和较强的果枝适当多留果，下部和较弱的果枝适当少留果。

（2）长枝修剪的桃树产量高，叶面积大，蒸腾作用强，应比采用传统修剪方法增加肥水量次，特别是进入盛果期和树势渐衰时，更应加强肥水管理。

（3）经长放后结过果的中长枝，翌年冬季修剪必须及时回缩，去掉前部衰弱枝，留基部中长果枝再长放，但对1个结果枝一般不可连年缓放使用。

（4）长枝修剪基本不用短截，但不等于绝对不用短截。如幼树延长枝留饱满芽短截；在缺枝且有较大空间时，利用徒长枝或附近较强旺枝条短截，发枝后长放，以弥补空间，扩大结果面积。

三、桃树各类枝（组）具体修剪方法

在修剪过程中，先剪幼树、弱树，后剪大树和旺树。先确定主枝延长头，并疏除主枝延长头周围的竞争枝，再疏除内向枝和无用徒长枝、轮生枝、交叉枝及距地面70～80cm的下垂枝。修剪顺序沿主枝从先端向下进行，结果枝组由内向外进行。每剪完1株树，要重新观察一下，以便及时纠正修剪不当之处和补剪漏掉的枝条。最后，要在桃树开花前进行花前复剪，重点针对留枝量过多和花芽量过大的树进行修剪，做到拾漏补缺。

1. 主枝延长头的修剪

当主枝间出现强弱不平衡时，强枝适当重剪，并多留结果枝使其多结果，以达到以果压枝的目的。对弱延长枝适当轻剪长放，不留副梢果枝结果。当树冠出现偏向生长时，将主枝剪口芽留在向外空隙较大的一侧。如果主枝长势偏弱或角度偏大，也可以利用向上生长的枝芽进行换头或短截，这样利用修剪使延长枝呈或左或右、或上或下的波状延伸方式，可达到抑强扶弱，确保树势平衡，防止先端生长过旺，后部偏弱。盛果期树，主枝延长枝长势逐渐减弱，剪口芽留侧芽或上侧芽，并对上部的徒长性果枝适当疏剪，可以收到抑前促后、改善光照条件和防止上强下弱的效果。当主枝衰弱下垂时可以利用背上枝组代替原头，对原主枝头可以回缩更新。

2. 侧枝延长头的修剪

侧枝必须从属于主枝，侧枝与主枝之间如有重叠、交叉、横生、平行时，应将其疏除或回缩，修剪成结果枝组。对于树势强或幼树的侧枝常采用疏剪削弱枝势，对于老树或衰弱树常采用缩剪增强枝势，保持树势和树体平衡。

3. 结果枝组的修剪

桃树的结果枝组分为大、中、小型结果枝组 3 种。要做到利用和修剪相结合，力求在结果的同时又能抽出优良新梢，保持连续结果能力。在骨干枝上培养枝组，枝组要曲折延伸，敦实紧凑，围绕在骨架上。培养一个标准的结果枝组要做到合理缩剪，选留弱枝或中庸枝带头，保持枝组弯曲延伸。

（1）缩剪。当相邻枝组相交、枝组延伸范围较大、生长势衰弱或上强下弱时，在枝组的中下部选择生长势适宜的分枝处缩剪。冬剪时为促进下部枝的生长，削弱顶端优势，减缓结果部位上移，防止枝组过早衰老，将枝组原头缩剪。

（2）选留弱枝或中庸枝带头。如果枝组的延长枝生长势过旺，顶端优势强，中下部枝的生长势就弱。一般大型结果枝组的延长头以长果枝当带头枝为好，中、小型枝组以中、短果枝带头为宜。

（3）保持枝组弯曲延伸。大型枝组在主、侧枝上着生方式有两种：骑干两分式和背上斜生式。每年冬剪时采用缩剪的方法使枝组弯曲延伸，可削弱顶端优势，控制结果部位上移。

4. 结果枝的修剪

桃树的结果枝分为长果枝（30~60cm）、中果枝（15~30cm）、短果枝（5~15cm）、花束状果枝（小于 5cm）。结果枝的修剪要注意修剪的留芽方向，要选留有空间的方向留芽，才能保证新梢既能通风透光，又有一定的适宜角度；结果枝的修剪以疏为主，不短截，幼树单枝更新，衰老树双枝更新。在枝组内、主侧枝上每隔 15~20cm 留 1 个中果枝或长果枝，其余果枝进行疏剪；结果后的长果枝从其基部选留 1 个长果枝，对结过果的母枝进行回缩；长果枝疏除时不要紧靠基部剪，可留 2~3 芽短截，刺激其再发新的预备枝或果枝。短果枝和花束状果枝一般不短截，中果枝短截时剪口下必须有叶芽，无叶芽不要短截。

5. 徒长枝的修剪

在树冠内无空间生长的徒长枝从基部疏除，有空间的徒长枝采用拉枝、拿枝、连续摘心等措施培养成结果枝组。徒长枝也可以培养成主枝，做更新骨干枝用。

6. 下垂枝组的修剪

以短果枝结果为主的品种，对选留的长枝连年缓放后，就会形成下垂枝组，对这样的枝组应从基部1～2个短枝处回缩，促使短枝复壮，萌发长枝而更新。有些幼树利用下垂枝结1～2年果后，冬剪时对剪口芽留上芽，抬高角度。

7. 修剪注意事项

修剪时剪口要平，主侧枝回缩的大剪口，要进行涂抹愈合剂处理。彻底剪除病虫枝和清除贴在枝干上的病果、残叶。剪下的病虫枝、病果要及时集中深埋或销毁。

主要参考文献

边卫东，2004.桃栽培实用技术［M］. 北京：中国农业出版社.

陈敬谊，2016.桃优质丰产栽培实用技术［M］. 北京：化学工业出版社.

郭晓成，2005.桃树栽培新技术［M］. 杨凌：西北农林科技大学出版社.

姜林，2020.桃新品种及配套技术［M］. 北京：中国农业出版社.

姜全，2009.种桃技术100问［M］. 北京：中国农业出版社.

刘伟，张安宁，李桂祥，等，2019.桃栽培新品种新技术［M］. 济南：山东科学技术出版社.

马庆州，王俊，2010.桃新品种及栽培新技术［M］. 郑州：中原出版传媒集团，中原农民出版社.

彭晓梦，2018.桃树建园技术要点［J］. 河北果树（1）：54-55.

孙其宝，罗守进，2006.优质桃良种及栽培关键技术［M］. 北京：中国三峡出版社.

王力荣，2021.我国桃产业现状与发展建议［J］. 中国果树（10）：1-5.

杨力，张民，万连步，2006.桃优质高效栽培［M］. 济南：山东科学技术出版社.